Aktuelle Aspekte der hormonalen Kontrazeption

Herausgeber
P.J. Keller, Zürich

28 Abbildungen und 11 Tabellen, 1991

KARGER

Basel · München · Paris · London · New York · New Delhi · Bangkok · Singapore · Tokyo · Sydney

CIP-Titelaufnahme der Deutschen Bibliothek
Aktuelle Aspekte der hormonalen Kontrazeption / Hrsg. P.J. Keller. – Basel; München;
Paris; London; New York; New Delhi; Bangkok; Singapore; Tokyo; Sydney: Karger, 1991.
NE: Keller, Paul J. [Hrsg.]
ISBN 3-8055-5264-5

Dosierungsangaben von Medikamenten
Autoren und Verlag haben alle Anstrengungen unternommen, um sicherzustellen, dass Auswahl und Dosierungsangaben von Medikamenten im vorliegenden Text mit den aktuellen Vorschriften und der Praxis übereinstimmen. Trotzdem muss der Leser im Hinblick auf den Stand der Forschung, Änderungen staatlicher Gesetzgebungen und den ununterbrochenen Fluss neuer Forschungsergebnisse bezüglich Medikamentenwirkung und Nebenwirkungen darauf aufmerksam gemacht werden, dass unbedingt bei jedem Medikament der Packungsprospekt konsultiert werden muss, um mögliche Änderungen im Hinblick auf Indikation und Dosis nicht zu übersehen. Gleiches gilt für spezielle Warnungen und Vorsichtsmassnahmen. Ganz besonders gilt dieser Hinweis für empfohlene neue und/oder nur selten gebrauchte Wirkstoffe.

Alle Rechte vorbehalten.
Ohne schriftliche Genehmigung des Verlags dürfen diese Publikation oder Teile daraus nicht in andere Sprachen übersetzt oder in irgendeiner Form mit mechanischen oder elektronischen Mitteln (einschliesslich Fotokopie, Tonaufnahme und Mikrokopie) reproduziert oder auf einem Datenträger oder einem Computersystem gespeichert werden.

© Copyright 1991 S. Karger GmbH, Postfach 1724, D-8034 Germering/München und
S. Karger AG, Postfach, CH-4009 Basel
Printed in Switzerland on acid-free paper by Thür AG Offsetdruck, Pratteln
ISBN 3-8055-5264-5

Aktuelle Aspekte der hormonalen Kontrazeption

Mit freundlicher Empfehlung

Inhalt

Einleitung VII

Aktuelle Aspekte der hormonalen Kontrazeption

Birkhäuser, M.H.; Blöchlinger-Wyss, Th. (Bern): Hormonale Kontrazeption heute . . . 1
Bitzer, J. (Basel): Kontrazeptives Verhalten und Verträglichkeit kontrazeptiver Methoden 21
Rabe, Th.; Grunwald, K.; Thuro, H.; Runnebaum, B. (Heidelberg): Risikofaktoren der oralen hormonalen Kontrazeption in der Bundesrepublik (Heidelberger OC-Multicenter-Studie). Epidemiologische Untersuchung 33

Erfahrungen mit einer norgestimathaltigen Mikropille

Hahn, D.W.; Phillips, A.; McGuire, J.L. (Raritan, N.J.): Endokrines Profil von Norgestimat 46
Mall-Haefeli, M.; Werner-Zodrow, I.; Huber, P.R. (Basel): Biochemische und klinische Resultate der neuen Mikropille Cilest® 55
Grunwald, K.; Rabe, Th.; Runnebaum, B. (Heidelberg): Klinische Verträglichkeit einer niedrigdosierten norgestimathaltigen Kombinationspille (Cilest®) im Rahmen einer Multicenter-Studie in der Bundesrepublik (Heidelberger OC-Multicenter-Studie) 67

Antiandrogene hormonale Kontrazeptiva

Kaiser, E. (Wiesbaden): Androgenisierungserscheinungen bei der Frau und ihre Behandlung durch interdisziplinäre Zusammenarbeit von Dermatologen und Gynäkologen 79

Einleitung

Gründe, auch mehr als 25 Jahre nach Einführung des ersten Ovulationshemmers über hormonale Kontrazeption zu sprechen, gibt es viele. Während die Bevölkerungsexplosion in der Dritten Welt ungebremst weitergeht und nach anspruchslosen, überall verfügbaren, aber auch kostengünstigen Methoden ruft, steht in den industrialisierten Ländern der Wunsch nach absolut zuverlässiger, risikoloser und möglichst bequemer Familienplanung im Vordergrund. Dieser Forderung werden auch inskünftig weder natürliche Methoden noch die intrauterine Empfängnisverhütung gerecht, so dass die moderne Pille aus dieser Sicht unersetzlich bleibt.

Wie bei fast allen Pharmaka – um solche handelt es sich auch bei den oralen Kontrazeptiva – hat allerdings in den letzten Jahren die Skepsis gegen die in der Regel notwendige langdauernde Einnahme zugenommen. Wenig fundierte Berichte der Sensations-, aber auch der Fachpresse über zumeist äusserst seltene Nebenwirkungen sowie eine manchmal über das Ziel hinausschiessende Verkaufsstrategie haben sich zweifellos kontraproduktiv ausgewirkt. Ganz abgesehen vom unbestritten sehr viel höheren Risiko einer einzigen unerwünschten Schwangerschaft sind die günstigen Auswirkungen der Pille auf gutartige Brusterkrankungen, funktionelle Ovarialzysten, Genitalinfektionen, Blutungsstörungen, Dysmenorrhö und Akne noch zuwenig bekannt; dasselbe gilt für den protektiven Effekt hinsichtlich Ovarial- und Endometriumkarzinom.

Erneut angeheizt wurde die Diskussion durch Meldungen über vermehrte Thromboembolien bei Verwendung bestimmter Gestagene. Diese stehen denn heute auch im Mittelpunkt des Interesses. Berechtigterweise wurden in den letzten Jahren neue Verbindungen, wie Desogestrel, Gestoden und Norgestimat, auf den Markt gebracht, die sich aufgrund ihrer geringen androgenen Partialwirkung auf verschiedene Stoffwechselparameter, namentlich auch die Lipide, besonders günstig auswirken. Damit haben sich die Risiken nochmals verringert, so dass viele der früheren Einwände und Bedenken hinfällig geworden sind.

Im gleichen Zusammenhang ist auch die weitere Herabsetzung des Östrogenanteils, des Äthinylöstradiols, auf 30–35, neuerdings sogar auf 20 µg/Tag, zu nennen, womit die östrogenbedingten Nebenwirkungen und die Thromboemboliegefahr entscheidend reduziert werden konnten. Beides zusammen hat zur Entwicklung der modernen Mikropille geführt, welche in mancher Hinsicht ein annähernd ideales, gut verträgliches Kontrazeptivum darstellt und unter Beachtung der üblichen Vorsichtsmassnahmen selbst sehr jungen – aber auch prämenopausalen – Frauen verschrieben werden darf.

Als Standortbestimmung der modernen Geburtenregelung ist der erste Teil dieser Monographie zu verstehen, in welchem allgemeine Probleme der oralen Kontrazeption zur Sprache kommen. Ein aus der Universitäts-Frauenklinik Bern stammender, auf knappem Raum alle wichtigen Aspekte umfassender Übersichtsartikel von M.H. Birkhäuser und Th. Blöchlinger widmet sich vor allem den Wirkungen der Östrogene und Gestagene und ihrer Kombination sowie den Nebenerscheinungen und Risiken in kardiovaskulärer, zerebrovaskulärer und metabolischer Hinsicht. Er ist deshalb für die Praxis von ganz besonderer Bedeutung. Reiche Erfahrung spricht aus dem Beitrag von J. Bitzer vom Sozialmedizinischen Dienst der Universitäts-Frauenklinik Basel über das derzeitige kontrazeptive Verhalten der Bevölkerung, welches verständlicherweise sehr stark durch persönliche und emotionale Faktoren geprägt wird. Dementsprechend spielt die biopsychosoziale Komponente in der modernen Familienplanung eine grosse, oft unterschätzte Rolle, die Akzeptanz und Compliance nachhaltig beeinflusst. Aus Heidelberg kommt eine von Th. Rabe, K. Grunwald und B. Runnebaum multizentrisch durchgeführte epidemiologische Studie zur Risikofrage der oralen Kontrazeption, deren erstmals in dieser Form verfügbare Daten für den mitteleuropäischen Raum von grösstem Interesse sein dürften.

Im zweiten Teil werden zunächst Pharmakologie und Pharmakokinetik der modernen Gestagene unter besonderer Berücksichtigung namentlich des Norgestimats vorgestellt, welches sich in ausgedehnten Versuchen als selektives Progestagen mit der erwünschten geringen oder fehlenden Androgenizität erwiesen hat. Weitere, von M. Mall-Haefeli, I. Werner-

Einleitung IX

Zodrow und P.R. Huber aus Basel sowie den bereits genannten Autoren aus Heidelberg verfasste Berichte beinhalten in erster Linie die in der Praxis gemachten Erfahrungen mit einem norgestimathaltigen Kombinationspräparat.

Den Abschluss der kleinen Schrift bildet ein Beitrag von E. Kaiser aus der Deutschen Klinik für Diagnostik in Wiesbaden. Er ist den im Alltag recht häufigen Androgenisierungserscheinungen und ihrer möglichen medikamentösen Behandlung mit Antiandrogenen gewidmet. Dabei werden die beiden wichtigsten steroidalen Verbindungen, Cyproteronazetat und Chlormadinonazetat, bei verschiedenen Indikationen verglichen und mögliche Therapiekonzepte vorgestellt.

Das Buch ist selbst für ausgesprochene Spezialisten sehr lesenswert. In erster Linie richtet es sich jedoch an Frauenärzte und Allgemeinpraktiker mit Interesse an familienplanerischen Fragestellungen, indem es die verschiedensten Aspekte der hormonalen Kontrazeption aufzeigt und auf diese Weise eine nützliche Informations- und Diskussionsgrundlage darstellt. In diesem Sinne darf der Schrift eine weite Verbreitung gewünscht werden.

Zürich, September 1990 *Paul J. Keller*

Aktuelle Aspekte der hormonalen Kontrazeption

Keller PJ (Hrsg): Aktuelle Aspekte der hormonalen Kontrazeption.
Basel, Karger, 1991, pp 1-20

Hormonale Kontrazeption heute

M.H. Birkhäuser, Th. Blöchlinger-Wyss

Abteilung für gynäkologische Endokrinologie, Frauenspital, Bern, Schweiz

Millionen von Frauen wenden seit über 30 Jahren die hormonale Kontrazeption mit einer wahrscheinlich unübertroffenen Compliance an. Sowohl die objektiv wissenschaftliche als auch die subjektiv praktische Erfahrung mit den kontrazeptiv eingesetzten synthetischen Steroiden ist immens. Echte Pillenversager sind extreme Raritäten [1]. Die Vorteile der hormonalen Kontrazeption übertreffen die Nachteile und Risiken so sehr, dass orale Kontrazeptiva oft ohne Bedenken verschrieben werden. Indessen wird auch in Zukunft niemand an den pharmakologischen Eigenschaften der synthetischen Hormone vorbeikommen. Während wir über die Zuverlässigkeit der oralen Kontrazeption und die kurzfristigen Aspekte ihrer Nebenwirkungen inzwischen relativ gut Bescheid wissen, sind es heute vor allem die langfristigen Auswirkungen, die Gegenstand von pharmakologischer Forschung und klinischen Studien sind. Obwohl die meisten heute verfügbaren Erkenntnisse über Langzeitwirkungen hormonaler Kontrazeptiva aus retrospektiven Studien stammen, die bei Frauen gemacht wurden, welche antikonzeptionellen Präparaten mit einer höheren Steroiddosierung als heute üblich ausgesetzt waren – die Äthinylöstradioldosierung lag in der Regel über 50 µg/Tag –, dokumentieren diese Arbeiten in Hinsicht auf die Mortalität eine grosse Sicherheit. Sie geben auch heute noch gültige Hinweise, wie gefährdete Anwenderinnen eruiert werden können. So einfach und sicher die orale hormonale Kontrazeption im allgemeinen geworden ist, so sorgfältig gilt es immer noch, die Risikogruppen zu erfassen. Angesichts des grossen heutigen Angebotes an verschiedenen Präparaten gilt es mehr den je, für jede Frau die für eine optimale Sicherheit notwendige minimale Steroiddosis zu finden, die gleichzeitig das günstigste Nutzen/Risiko-Profil aufweisen soll. Die vorliegende Übersichtsarbeit hat diese Problematik zum Thema. Es muss aber bereits hier vorausgeschickt werden, dass zusätzlich zur kontrazeptiven Sicherheit heute zunehmend der Schutz vor sexuell übertragbaren Krankheiten in den Vordergrund tritt, eine Aufgabe, die die hormonale Kontrazeption nicht zu lösen imstande ist.

Heute verfügbare synthetische Steroide

Die orale hormonale Kontrazeption umfasst zwei prinzipiell verschiedene Gruppen: Einerseits Präparate, die Gestagene in Kombination mit einem Östrogen enthalten und täglich während 3 von 4 Wochen eingenommen werden, anderseits Präparate, die ausschliesslich ein Gestagen enthalten und durchgehend (ohne Pause) eingenommen werden. Heute werden üblicherweise niedrigdosierte Kombinationspräparate – die «Mikropille» – verwendet. Die Indikation zu reinen Gestagenpräparaten – der «Minipille» – ist damit in den letzten Jahren zunehmend seltener geworden.

Zum besseren Verständnis der später aufgeführten Nebenwirkungen und Risiken sollen zunächst die beiden Wirkstoffkomponenten dargestellt werden, die in Kombinationspräparaten zur Anwendung gelangen.

Östrogenkomponente

Obwohl metabolisch die Verwendung von natürlichem Östradiol in Kombinationspräparaten von Vorteil wäre, wird heute praktisch ausschliesslich das synthetische Östrogen Äthinylöstradiol verwendet, das als pharmakologische Substanz angesehen werden muss. Auch das früher eingesetzte synthetische Östrogen Mestranol wurde erst nach einem metabolischen Zwischenschritt als Äthinylöstradiol wirksam. Die Bioverfügbarkeit der Sexualsteroide hängt von ihrer Affinität zum sexualhormonbindenden Globulin (SHBG) ab. Das synthetische Äthinylöstradiol wird vom SHBG – im Unterschied zum endogenen natürlichen Östradiol – praktisch nicht gebunden. Anderseits wird Östradiol im Vergleich zum Testosteron vom SHBG nur halb so stark gebunden. Die unterschiedlichen Affinitäten endogener natürlicher und exogener synthetischer Sexualsteroide zum SHBG führen somit zu zusätzlichen indireken Wirkungen, die unabhängig von ihrem klassischen direkten Effekt sind. Obschon Äthinylöstradiol nicht an SHBG gebunden wird, hat es auf die Menge an zirkulierendem Trägereiweiss qualitativ die gleiche stimulierende Wirkung wie Östradiol [72]. Quantitativ ist die Wirkung von Äthinylöstradiol auf die SHBG-Synthese individuell unterschiedlich. Sie ist nicht dosislinear und im einzelnen nicht geklärt.

Neben SHBG stimulieren peroral eingenommene Östrogene auch die Synthese von Fibrinogen und Angiotensinogen. Die Thrombose, eine ernsthafte Nebenwirkung vor allem früherer hochdosierter Präparate, ist somit Ausdruck des Östrogeneffekts. Dieser kommt bei der heutigen Mikropille klinisch vor allem dann zum Tragen, wenn ein angeborener Defekt des Gerinnungssystems vorliegt, wie z.B. bei kongenitalem Antithrombin-III-Mangel. Die erhöhte Synthese von Angiotensinogen kann dann zum klinischen Problem führen, wenn sie bei einer Patientin mit vorbestehender Grenzhypertonie eintritt.

Auf der zellulären Ebene erhöhen schliesslich Östrogene die Anzahl der Progesteronrezeptoren. Dies hat seine Auswirkung auf die minimale notwendige Gestagendosis eines Kombinationspräparats: In Kombination mit einem Östrogen kann die Gestagenkomponente weniger hoch dosiert werden.

Schliesslich haben Östrogene einen wesentlichen Einfluss auf den Lipidstoffwechsel. Im Prinzip steigern sie die High-density-Lipoprotein-Konzentrationen (HDL) und senken die Low-density-Lipoprotein-Werte (LDL).

Gestagenkomponente

Es gibt kein künstliches Gestagen, welches das natürliche Progesteron in allen seinen Teilwirkungen ideal ersetzten könnte. Ein Vergleich der verschiedenen synthetischen Gestagene ist kaum möglich, da sich durch die verschiedenen Syntheseschritte das Verhältnis des Wirkungsspektrums ihrer Partialwirkungen zueinander unterschiedlich verändert. Die qualitativen Veränderungen sind dermassen ausgeprägt, dass die Gestagenwirkung an unterschiedlichen Bezugspunkten gemessen werden muss, wie sich dies bereits aus den verschiedenen gebräuchlichen Angaben, wie z.B. Menstruationsverschiebungsdosis oder Endometriumtransfomationsdosis, ergibt. Somit ist auch wenig sinnvoll, die «Wirkungsstärke» verschiedener gebräuchlicher synthetischer Gestagene untereinander zu vergleichen.

Trotzdem lässt sich eine Einteilung der synthetischen Gestagene vereinfachend über das chemische Grundgerüst machen (Tab. 1). Die Derivate des Progesterones weisen weder eine östrogene noch eine androgene Partialwirkung auf. Hingegen finden wir in dieser Gruppe die «Antiandrogene», das Chlormadinonazetat und das Cyproteronazetat. Der vielleicht verbreitetste Vertreter der 17α-OH-Progesteron-Derivate, das Medroxyprogesteronazetat, wird zur Kontrazeption in Kombinationspräparaten nicht eingesetzt, wir kennen ihn jedoch kontrazeptiv als «Dreimonatsspritze». Peroral wird Medroxyprogesteronazetat vor allem in der Postmenopause im Rahmen einer Östrogen/Gestagen-Substitution verwendet.

Tabelle 1. Einteilung der heute gebräuchlichen Gestagene

17α-OH-Progesteron-Derivate	*Nor-Testosteron-Derivate*
Medroxyprogesteronazetat	Derivate des Norethisterons
Megestrol	Norethisteronazetat
Cyproteronazetat	Lynestrenol
Chlormadinonazetat	Äthinodioldiazetat
	Derivate des Norgestrels
Retrosteroide	Levonorgestrel
Dydrogesteron	Desogestrel
Trengeston	Gestoden
	Norgestimat

Die zweite Gruppe, die 19-Nor-Testosteron-Derivate, leiten sich vom Grundgerüst des Testosterons ab. In dieser Gruppe nehmen das Norethisteron und das Norgestrel Schlüsselstellungen ein. Vom Norgestrel, einem klassischen Testosteronderivat, leiten sich auch die neuen synthetischen Gestagene Desogestrel (biologisch wirksam als 3-Keto-Desogestrel), Gestoden und Norgestimat ab. Während das Norgestrel noch eine androgene Partialwirkung besitzt, kommt diese bei den neuen Testosteronderivaten praktisch nicht mehr zum Tragen: Der Schritt zur neuesten Gestagengeneration resultiert in einem metabolisch deutlich günstigeren Verhalten [3–5]. Auf die Konsequenzen für den Lipidstoffwechsel wird später eingegangen. Diesbezüglich können die drei modernen Derivate des Norgestrels viel eher mit den Progesteronderivaten als mit den klassischen Testosteronderivaten verglichen werden.

Der Vollständigkeit halber sei betont, dass auch die verschiedenen synthetischen Gestagene unterschiedliche Affinitäten zu den Transportproteinen besitzen. Synthetische Gestagene binden sich unterschiedlich an SHBG und können so auch unterschiedlich Testosteron und Östradiol verdrängen. Dies gilt auch für die Bindung an Albumin und in geringerem Ausmasse für diejenige an Transkortin. Im Gegensatz zur Östrogenkomponente sind zwischen der Gestagenkomponente und ernsthaften kurzfristigen Nebenwirkungen bis jetzt keine Zusammenhänge belegt. Für die unmittelbaren Kontraindikationen gegen orale Kontrazeptiva bleibt somit in den Kombinationspräparaten die östrogene Komponente massgebend.

Kombinierte Wirkung synthetischer Östrogene und Gestagene
Östrogene und Gestagene beeinflussen sich gegenseitig. Dadurch ist äusserste Vorsicht geboten, wenn Resultate von In-vitro-Untersuchungen

mit einem reinen Gestagen mit Beobachtungen verglichen werden sollen, die in vivo mit einem Kombinationspräparat gemacht wurden. So ist z.B. die Hemmwirkung von Gestagenen auf die Gonadotropinsekretion bei gleichzeitiger Gabe eines Östrogens stärker. Ein Kombinationspräparat blockiert die Ovulation duch gleichzeitige Gonadotropinhemmung auf hypophysärer und hypothalamischer Ebene. Die Gestagenkomponente hemmt vor allem die LH-Sekretion, während die Östrogenkomponente auch die FSH-Ausschüttung vermindert. Bei gleicher Östrogendosis entscheidet die Gestagenkomponente über das Ausmass der zentralen Hemmung [2].

Am peripheren Zielorgan überwiegt der Gestageneffekt immer über den Östrogeneffekt, so dass das Endometrium, der Zervikalmukus und wahrscheinlich auch die Tubarfunktion die Gestagenwirkung wiedergeben. Durch gleichzeitige Östrogengabe wird die viskositätserhöhende Wirkung der Gestagene auf den Zervixschleim verstärkt. Die Östrogenkomponente stabilisiert das Endometrium, so dass unregelmässige Blutungen vermieden werden können. Durch die Beigabe eines Östrogens wurde es somit möglich, die Gestagendosis zu senken. So enthielt die erste in den USA auf den Markt gebrachte Pille Envoid dreissigmal mehr Gestagen als ein heutiges modernes Präparat.

Die in den letzten Jahren vorgenommene Entwicklungsarbeit zielte darauf hin, das metabolische Profil von Kombinationspräparaten zu verbessern. Neben der Synthese neuer, günstigerer Gestagene wurde auch versucht, durch eine verfeinerte und varrierte Abstufung der synthetischen Steroide im Verlauf des Behandlungszyklus zum Ziele zu kommen. Dies führte zu den multiphasischen Präparaten. Im Vergleich zu den neuen Präparaten mit 20 oder 30 µg Äthinylöstradiol und einem Gestagen der letzten Generation scheinen Multiphasenpräparate metabolisch allerdings keinen eindeutigen Vorteil mehr zu bieten. Es wird daher im folgenden nicht mehr getrennt auf sie eingegangen.

Nebenwirkungen und Risiken

Im Rahmen dieser Übersicht soll nur auf die potentiell lebensbedrohlichen Nebenwirkungen eingegangen werden. Die heutigen Kenntnisse stützen sich vor allem auf zwei weiterlaufende englische prospektive Studien, die Studie des Royal College of General Practitioners (RCGP) und jene der Oxford Family Planning Association (OFPA) und auf eine abgeschlossene amerikanische prospektive Studie (die Walnut Creek Study), die je zwischen 17000 und 22000 Frauen umfassen [6–14]. Deren Ergebnisse werden durch retrospektive Analysen und gezielte metabolische Studien ergänzt.

Kardiovaskuläres Risiko
Thromboembolisches Risiko

Die venöse Thrombose wird als Östrogennebenwirkung angesehen [15]. Das erhöhte Risiko ist auf die eigentlichen Anwenderinnen beschränkt und verschwindet 4–6 Wochen nach Absetzen der oralen Kontrazeption, sobald die Gerinnungsfaktoren auf die Ausgangswerte zurückgekehrt sind. Die beiden 1968 begonnenen englischen Studien haben gezeigt, dass das Risiko für tiefe Beinvenenthrombosen bei Frauen, die orale Kontrazeptiva einnehmen, viermal höher ist als bei Frauen, die eine nichthormonale Kontrazeptionsmethode anwenden. Anhaltspunkte dafür, dass eine Varikosis das Risiko für tiefe Beinvenenthrombosen erhöht, fanden sich keine. Die gleichen älteren Daten ergaben, dass das Risiko einer oberflächlichen Beinvenenthrombose zweimal grösser ist. Bereits 1974 zeigte aber die RCGP-Studie eine Abnahme des Thromboserisikos bei sinkender Äthinylöstradioldosis [6]. Schwedische Daten ergaben, dass Frauen, die Präparate mit 50 µg Äthinylöstradiol einnahmen, ein höheres Risiko eingehen als solche mit einem Präparat von 30 oder 35 µg [16]. Neuere Ergebnisse aus der RCGP-Studie bestätigen diese Resultate [17]. Eine mögliche Erklärung dafür ist darin zu suchen, dass die Wirkung der Östrogene auf die verschiedenen Gerinnungsfaktoren dosisabhängig ist. Dosierungen unter 50 µg Äthinylöstradiol haben bei Gesunden praktisch keinen Effekt auf die Gerinnungsfaktoren mehr [18], wodurch das Thromboserisiko massiv gesunken ist [19]. Plättchenaktivierung und das Gerinnungssystem als Ganzes bleiben bei den heute verwendeten Dosierungen offenbar unverändert [20]. Ein leichter Anstieg der Thrombinbildung wird durch eine erhöhte fibrinolytische Aktivität ausgeglichen. Für Frauen mit einer kongenitalen Störung des Gerinnungssystems bleibt jedoch ein erhöhtes thromboembolisches Risiko bestehen.

Zerebrovaskuläres Risiko

Seit einer ersten, 1975 veröffentlichten retrospektiven Studie [21] ist bekannt, dass ein Zusammenhang zwischen der Einnahme von oralen Kontrazeptiva und neurovaskulären Insulten bei im übrigen gesunden jungen Frauen besteht. Nach älteren retrospektiven Daten erhöht die Pilleneinnahme das Risiko eines zerebrovaskulären thrombotischen Insults dreimal, dasjenige eines hämorrhagischen Insults zweimal [21]. Der RCGP–Bericht von 1983 [10] und der OFPA-Bericht von 1984 [13] geben eine Verdoppelung des Risikos eines zerebrovaskulären Insults an. Allerdings lagen die damals verwendeten Dosierungen deutlich über denjenigen einer heutigen modernen Kombinationspille. Spätere Untersuchungen mit niedriger dosierten Präparaten (unter 50 µg Äthinylöstradiol) zeigten keinen signifikanten Zusammenhang zwischen zerebrovaskulärem Insult und oraler Kontrazeption mehr [14, 22]. Vessey et al. [13] wiesen in ihrem OFPA-Bericht von 1984 darauf hin, dass nach 9100 Frauenjahren unter niedrigdosierten Kombinationspräparaten (weniger als 50 µg Äthinylöstradiol) nicht eine einzige Patientin an einem zerebrovaskulären Insult erkrankte. Dennoch darf das Auftreten von Sehstörungen und starken Kopfschmerzen, mögliche erste Anzeichen einer ernsthaften Komplikation, nie banalisiert werden.

Koronares Risiko

Ein möglicher Zusammenhang zwischen Myokardinfarkt und Pilleneinnahme wurde erstmals in den beiden retrospektiven englischen Studien vermutet [23, 24]. Demgegenüber konnten die Walnut Creek Study und eine amerikanische Case-control-Studie kein erhöhtes Risiko von Myokardinfarkt unter Einnahme oraler Kontrazeptiva finden [14, 22]. Heute ist es offensichtlich, dass Frauen, die unter Pilleneinnahme einen Herzinfarkt erleiden, zusätzliche Risikofaktoren aufweisen. Diese Risikofaktoren wirken viel eher synergistisch als additiv [25–28]. An erster Stelle steht das Rauchen. Weitere Risikofaktoren sind arterielle Hypertonie, Hypercholesterinämie, Adipositas und Diabetes mellitus. Im RCGP-Bericht von 1983 [10] weisen nur über 35jährige Raucherinnen mit regelmässiger Pilleneinnahme ein statistisch gesichertes erhöhtes Risiko an Herzkrankheiten auf. Demgegenüber zeigen neuere Daten aus 21 Ländern Europas, Nordamerikas und Asiens keinen Zusammenhang zwischen einer erhöhten Mortalitätsrate an kardiovaskulären Erkrankungen und der Einnahme oraler Kontrazeptiva [29, 30]. Dies bestätigen auch die neueren Ergebnisse der beiden englischen prospektiven Studien [9, 12]. Der falsche Eindruck eines erhöhten Risikos bei ehemaligen Pillenanwenderinnen geht darauf zurück, dass die betroffenen Frauen zuvor starke Raucherinnen waren, die zudem Pillen mit hohem Östrogenanteil benutzt hatten [31, 46]. Englische Studien hatten zudem ein höheres arterielles Risiko bei hohen, heute nicht mehr verwendeten Gestagendosierungen [17, 32] gefunden.

Arterielle Hypertonie

Die früher verwendeten hochdosierten Kombinationspräparate führten bei etwa 5% der Anwenderinnen zu einer arteriellen Hypertonie [6]. Bei Anwendung einer modernen Mikropille wird keine erhöhte Inzidenz von klinisch relevanter arterieller Hypertonie beobachtet, obwohl unter Umständen ein kleiner Anstieg des Blutdrucks auch mit diesen Präparaten beobachtet werden kann [33–36]. Auch wenn bei der modernen Mikropille kein signifikant erhöhtes Risiko mehr besteht, müssen die Blutdruckwerte bei jeder Pillenanwenderin regelmässig kontrolliert werden. Wenn sich unter Ovulationshemmereinnahme eine Hypertonie entwickelt, dauert es nach Absetzen 3–6 Monate, bis sich die Störung des Renin-Angiotensin-Systems normalisiert hat.

Veränderungen des Lipidstoffwechsels

Ein Zusammenhang zwischen kardiovaskulärem Risiko und Lipoproteinprofil ist seit längerem bekannt. Ein geringer Anstieg des HDL-Cholesterins ist signifikant mit einer Verminderung koronarer Herzkrankheiten verbunden [37]. Umgekehrt steht eine Erhöhung des LDL-Cholesterins mit einem Anstieg des kardiovaskulären Risikos in Verbindung. Da Östrogene und Gestagene das Lipoproteinprofil verändern [38, 39], mag die erhöhte Sicherheit der Mikropille mit einem günstigeren Effekt auf die HDL- und LDL-Fraktion erklärt werden. Ältere Kontrazeptiva mit hoher Gestagenkomponente vom klassischen 19-Nor-Testosteron-Typ resultieren in einem weniger günstigen HDL/LDL-Quotienten. Demgegenüber haben neuere Präparate mit Desogestrel, Norgestimat oder Gestoden einen positiven Effekt auf die HDL/LDL- und Apoprotein-A/Apoprotein-B-Ratio [3–5, 40–44]. In der noch laufenden Cavendish-Studie wurden verschiedene 30-µg-Äthinylöstradiolpräparate mit unterschiedlichen Gestagenen untereinander hinsichtlich ihrer Wirkung auf den Lipidmetabolismus verglichen. Die HDL-Konzentrationen in der Desogestrelgruppe liegen deutlich höher als jene in der Levonogestrelgruppe [3]. Neuere Resultate der gleichen Gruppe zeigen ein dem Desogestrel analoges Verhalten für Gestoden und Norgestimat [pers. Mitt.]. Zudem bestätigten Chapdelaine et al. [4] kürzlich unabhängig von der Cavendish-Gruppe, dass Norgestimat im Vergleich zu Norgestrel ein günstigeres Lipidprofil und höhere SHBG-Konzentrationen induziert. Höhere SHBG-Konzentrationen führen zu einer Verminderung der Fraktion der freien, biologisch aktiven Androgene [4]. Es scheint somit gesichert, dass alle Gestagene der letzten Generation metabolisch ein deutlich günstigeres Verhalten aufweisen als monophasische Präparate mit einem klassischen Testosteronderivat [40-49]. Unter den Präparaten mit älteren Testosteronderivaten scheinen multiphasische in den neuesten Studien hinsichtlich der Lipidbalance etwas besser abzuschneiden als monophasische [44, 45, 72]. Obwohl es vorläufig keine epidemiologischen Daten gibt, welche die klinische Relevanz dieser metabolischen Studien belegen, sollte angesichts der möglichen Spätfolgen einer ungünstigen Lipidbalance heute den Präparaten mit modernen Gestagenen der Vorzug gegeben werden. Auf keinen Fall darf das günstige metabolische Verhalten der neuen Gestagene jedoch dazu führen, bekannte Risikofaktoren, wie insbesondere das Rauchen, zu vernachlässigen oder zu banalisieren, ist doch deren praktisches Gewicht viel entscheidender.

Veränderungen des Zuckerstoffwechsels

Der Zuckerstoffwechsel wird vor allem, aber nicht ausschliesslich, von der Gestagenkomponente beeinflusst. Bei Präparaten mit gleicher Äthinylöstradioldosierung entscheidet somit der Gestagenanteil über das Ausmass der Veränderungen. Ältere Kombinationspräparate mit 50 µg Äthinylöstradiol und mehr führten bei etwa 40% der Anwenderinnen über eine erhöhte periphere Insulinresistenz bei verminderter Stimulierbarkeit der Insulinsekretion zu herabgesetzter Glukosetoleranz. Da die Verschlechterung der Glukosetoleranz dosisabhängig ist, wirkt sich auch hier die mit der Mikropille eingetretene Dosisverminderung günstig aus: Die Veränderungen des Zuckerstoffwechsels und der Insulinsekretion sind bei Verwendung einer Mikropille so gering, dass ihnen vermutlich keine klinische Bedeutung mehr zukommt [44, 47-49]. Auch hier schneiden die drei Gestagene der letzten Generation günstiger ab als die klassischen Testosteronderivate [3-5].

Heute steht fest, dass Ovulationshemmer die Inzidenz des Diabetes mellitus nicht erhöhen [67]. Ein früherer Schwangerschaftsdiabetes stellt keine Kontraindikation für einen Ovulationshemmer dar [68, 69]. Ist eine zuverlässige Kontrazeption notwendig, so ist bei gut eingestellten, im übrigen gesunden Diabetikerinnen ohne Mirkoangiopathien bis zum Alter von 35 Jahren eine moderne Mikropille vertretbar.

Onkogene Nebenwirkungen

Ob die Einnahme von Ovulationshemmern zu einer Begünstigung der Entstehung von Krebsleiden führt, ist immer noch eine häufig diskutierte Frage. Obschon heute noch Langzeitbeobachtungen bei Frauen fehlen, die von Beginn an eine Mikropille eingenommen haben, können aufgrund verschiedener epidemiologischer Studien bereits gut fundierte Aussagen gemacht werden.

Gebärmutterkarzinome

Eine Östrogen-Gestagen-Kombination hat im Gegensatz zur alleinigen Östrogengabe eine protektive Wirkung auf das Endometrium. Die Einnahme eines kontrazeptiven Kombinationspräparates für mindestens 12 Monate senkt das Risiko eines Endometriumkarzinoms um 50%. Der maximale protektive Effekt wird nach einer dreijährigen Pilleneinnahme erreicht [50], eine Wirkung, die nach den heutigen Daten mindestens 15 Jahre anhält. Diese Schutzwirkung gilt auch für die monophasische Mikropille und betrifft alle drei histologischen Haupttypen.

Die Inzidenz zervikaler Dysplasien und Karzinome hängt mit dem Alter der Patientin beim ersten Geschlechtsverkehr und mit der Anzahl ihrer Partner zusammen. Werden diese Faktoren miteinbezogen, so ist der zunächst vermutete Anstieg der Häufigkeit zervikaler Neoplasien bei Pillenanwenderinnen nicht mehr statistisch signifikant [51, 52]. Die bessere gynäkologisch-zytologische Kontrolle bei Frauen unter oralen Kontrazeptiva kann mit zum falschen Bild führen, dass Carcinoma in situ vermehrt unter der Pille auftreten [53]. Unter Berücksichtigung aller dieser Faktoren kann heute als gesichert gelten, dass die Pille selbst die Inzidenz zervikaler Neoplasien nicht erhöht [54].

Ovarialkarzinome

Eine regelmässige orale Kontrazeption vermindert die Inzidenz epithelialer Ovarialkarzinome um 40% [56]. Die Schutzwirkung beginnt bereits bei einer Einnahmedauer zwischen 3 und 6 Monaten und wird voll wirksam bei einer Dauer von 5 bis 10 Jahren. Auch hier gilt der protektive Effekt für alle monophasischen Mikropillen. Er hält 10–15 Jahre über das Ende der Einnahme hinaus an.

Mammakarzinome

Die günstige Wirkung der oralen Kontrazeptiva auf benigne Brusterkrankungen ist heute unbestritten. Demgegenüber konzentriert sich die Diskussion um einen eventuellen karzinogenen Effekt der oralen Kontrazeptiva heute auf das Mammakarzinom. Während die RCGP-Studie, die OFPA-Studie und die Walnut-Creek-Studie keinen signifikanten Unterschied der Mammakarzinominzidenz zwischen Pillenanwenderinnen und

Kontrollpersonen fanden, berichten verschiedene neuere Studien über ein erhöhtes Risiko bei Frauen, die mit der Pilleneinnahme vor dem 25. Altersjahr begannen [57–59]. Andere Studien deuten darauf hin, dass das Risiko eines prämenopausalen Mammakarzinoms bei jungen Frauen, welche die Pille über mehrere Jahre eingenommen haben, erhöht sein könnte [60, 61]. Diese Daten wurden allerdings retrospektiv erhoben, was eine Verzerrung durch die Art der Durchführung und der Befragung möglich erscheinen lässt. Ein neuer Bericht der RCGP–Studie [62] lässt vermuten, dass die Inzidenz von Mammakarzinomen bei jüngeren Frauen nur scheinbar ansteigt, indem ein Brustkrebs bei Frauen unter Ovulationshemmern früher diagnostiziert wird, als dies bei der durchschnittlichen weiblichen Bevölkerung der Fall ist. Entscheidender scheint jedoch, dass eine grossangelegte amerikanische Untersuchung durch das Center for Disease Control (CDC, Atlanta, USA) den Verdacht auf ein erhöhtes Mammakarzinomrisiko nicht bestätigen konnte [63]. Diese Aussage gilt für alle Altersgruppen, also auch für Frauen, die bereits vor dem 20. bzw. vor dem 25. Altersjahr mit der regelmässigen Einnahme eines oralen Kontrazeptivums begonnen hatten. Auch in einer zweiten CDC-Analyse fand sich keinerlei Zusammenhang zwischen Brustkrebs und monophasischen Mikropillen oder Minipillen. Eine Langzeitanwendung (15 Jahre oder mehr) liess das Risiko nicht ansteigen [64]. Diese äusserst sorgfältige und zuverlässige Studie wird in ihren Schlussfolgerungen durch eine nationale neuseeländische Untersuchung bestätigt [65]. Die CDC-Studie fand bis zum untersuchten Alter von 54 Jahren kein erhöhtes Spätrisiko bei früheren Pillenanwenderinnen [66].

Obwohl sich heute grössere Latenzzeiten mit der Mikropille noch nicht überblicken lassen, kann festgehalten werden, dass auch unter dem Aspekt einer eventuellen onkogenen Potenz der Nutzen einer oralen Kontrazeption die Risiken überwiegt.

Praktische Konsequenzen für die Anwendung der oralen hormonalen Kontrazeption

Werden die erwünschte Wirkung und die im Vergleich zu anderen reversiblen Methoden unerreichte Zuverlässigkeit einer heutigen oralen hormonalen Kontrazeption gegen die möglichen Risiken abgewogen, so senkt sich die Waage eindeutig zugunsten der modernen Ovulationshemmer. Dies vor allem auch dann, wenn wir korrekterweise die Risiken einer dank der Pille vermiedenen Schwangerschaft mit in die Berechnung einbeziehen. Dabei darf aber nie vergessen werden, dass auch ein Ovulationshemmer ein Pharmakon ist, zu dessen Einsatzt es eine Indikation braucht. Das therapeutische Grundprinzip liegt darin, für jede Frau die niedrigste wirksame Steroiddosis einzusetzten, die noch eine optimale Sicherheit gewährleistet.

Wahl der Gestagenkomponente

Die Gestagenkomponente sollte so ausgewählt werden, dass sie möglichst geringe metabolische Veränderungen induziert. Obwohl es keine «stoffwechselneutralen» Ovulationshemmer gibt, kommen diesem Ziele Mikropillen mit einem der drei Gestagene der letzten Generation (Desogestrel, Gestogen, Norgestimat) am nächsten. Präparate mit einem klassischen Testosteronderivat, wie z.B. Levonorgestrel, können aber gezielt eingesetzt werden, da bis heute keine klinischen Langzeitstudien vorliegen, die dies nicht gestatten würden. Bei Frauen mit Androgenisierungserscheinungen ist die Wahl eines antiandrogen wirksamen Gestagens zu empfehlen (Chlormadinonazetat, Cyproteronazetat). Deren metabolisches Profil ist ausgesprochen günstig.

Dosierung

In erster Linie sollten Ovulationshemmer mit einem niedrigen Östrogengehalt eingesetzt werden (zwischen 20 und 35 µg Äthinylöstradiol). Dabei ist auf Interaktionen mit anderen Medikamenten zu achten (Tab. 2).

Tabelle 2. Medikamente, bei welchen Interaktionen mit Ovulationshemmern bekannt sind

---

Analgetika (Phenazetin, Pyrazalon)
Antibiotika/Sulfonamide
Antiepileptika (teilweise)/Hypnotika/Tranquillizer
Antihistaminika (teilweise)
Neuroleptika (teilweise)
Antidiabetika (Tolbutamid, Carbutamid)
Lipidsenker (Clofibrate)
Muskelrelaxantien
Zytostatika (Zyklophosphamid)
Dihydroergotamin

Bei der Wahl eines Präparates mit 30 µg Äthinylöstradiol und weniger kann unter Umständen die Suppression der Gonadenachse unvollständig sein, so dass es zu einem Anstieg des endogenen Östradiols kommt, dessen biologische Wirkung sich zum verabreichten exogenen Äthinylöstradiol addiert [71]. Dies kann «paradoxe» Nebenwirkungen vom Östrogentyp trotz niedriger Äthinylöstradioldosierung erklären, z.B. Mastodynien. Aus dem gleichen Grunde wurde bei Präparaten mit weniger als 30 µg Äthinylöstradiol auch über ein vermehrtes Auftreten von Ovarialzysten berichtet. Die kontrazeptive Sicherheit wird dadurch allerdings nicht beeinträchtigt. Die Gestagenkomponente entscheidet massgeblich über das Ausmass der Suppression mit [55]. Insgesamt stellen unserer Meinung nach Präparate mit weniger als 30 µg Äthinylöstradiol eine wertvolle Bereicherung unserer therapeutischen Möglichkeiten dar. Bevor ein endgültiges Urteil gefällt werden kann, müssen jedoch grössere Erfahrungen abgewartet werden.

Höher dosierte Präparate (mehr als 35 µg Äthinylöstradiol) sollten heute nur noch gezielt bei Vorliegen spezieller Indikationen verabreicht werden. Dazu gehören eine ungenügende Zykluskontrolle, bestimmte subjektive Nebenwirkungen, das bewusste Anstreben einer stärkeren Ovarialsuppression, z.B. bei Frauen mit Hyperandrogenämie, oder eine orale Kontrazeption in Kombination mit der Langzeiteinnahme bestimmter Antiepileptika [70].

Vorsichtsmassnahmen bei Frauen bis zu 35 Jahren
Auch bei jungen Frauen ist auf Risikofaktoren zu achten. Tabelle 3 fasst die absoluten Kontraindikationen zusammen. Zu den relativen Kontraindikationen (Tab. 4) gehören Migräne (bestimmte Formen werden durch Ovulationshemmer gebessert), gut eingestellte arterielle Hypertonie, gut eingestellter Diabetes mellitus, cholestatischer Schwangerschaftsikterus und Gallenblasenerkrankungen.

Gerade bei der Mikropille ist auf mögliche Interaktionen mit gleichzeitig verabreichten anderen Medikamenten zu achten (Tab. 2). Auch unter einer Mikropille kann sich eine arterielle Hypertonie entwickeln. Der Blutdruck ist daher regelmässig zu kontrollieren. Im Rahmen der kardiovaskulären Prophylaxe sollte bei jeder Frau zumindest ein Lipidstatus vorliegen (Triglyzeride, Gesamtcholesterin, HDL, LDL). Regelmässige jährliche Kontrollen des Lipidstatus sind indiziert
- bei Frauen mit erhöhtem familiärem Risiko für kardiovaskuläre Erkrankungen, Diabetes mellitus oder Hyperlipidämien;
- bei Frauen mit Diabetes mellitus Typ I;
- bei Raucherinnen über 30 Jahren;

Tabelle 3. Absolute Kontraindikationen für Ovulationshemmer

1 Thrombophlebitis, Thromboembolie, zerebrovaskulärer Insult, koronare Herzerkrankung, Gerinnungsstörung:
 – in persönlicher Anamnese
 – auffällige Häufung in Familienanamnese
2 Stark eingeschränkte Leberfunktion; akute Hepatitis bis zur Normalisierung der Leberwerte
3 Östrogenabhängige Tumoren, insbesondere:
 – Mammakarzinom
 – Endometriumkarzinom
4 Unklare vaginale Blutungen
5 Rauchen (> 15 Zigaretten/Tag) bei Frauen > 35 Jahren
6 Kongenitale Hyperlipidämie
7 Schwangerschaft

Tabelle 4. Relative Kontraindikationen für Ovulationshemmer

1 Migräne: bei jungen Frauen unter Umständen Besserung möglich (zyklusabhängige Formen)
2 Arterielle Hypertonie bei gut eingestellten, sonst gesunden Frauen < 35 Jahren Mikropille möglich
3 Diabetes mellitus bei gut eingestellten Frauen ohne Mikroangiopathien und < 35 Jahren Mikropille möglich
4 Epilepsie: medikamentöse Interaktionen beachten
5 Wahleingriffe: sofern möglich, Ovulationshemmer 1 Monat vor Operation absetzen
6 Schwangerschaftsikterus
7 Gallenblasenleidenh
8 Sichelzellanämie

– bei Frauen mit Adipositas (Übergewicht > 20%);
– bei Frauen mit Xanthomatosis.

Für eine Pillenpause besteht keine Notwendigkeit.

Zusätzliche Vorsichtsmassnahmen bei Frauen über 35 Jahren
Wegen des erhöhten kardiovaskulären Risikos sollten Raucherinnen (mehr als 15 Zigaretten pro Tag) über 35 Jahren keine Ovulationshemmer mehr einnehmen.

Ab 40 Jahren nimmt das durch eine Schwangerschaft vorgegebene Risiko stärker zu als das der Pille. Sofern individuelle und familiäre kardiovaskuläre und metabolische Risikofaktoren, wie Hypertonie, Diabetes mellitus, Adipositas, erhöhte Serumlipidwerte, ausgeschlossen sind, kann mit der Gabe eines niedrigdosierten Ovulationshemmers unter regelmässiger klinischer Kontrolle bis in die Perimenopause fortgefahren werden, wenn für die Patientin und deren Partner andere kontrazeptive Massnahmen ausser Betracht fallen. In dieser Altersgruppe wird empfohlen, den Lipidstatus einmal jährlich zu überprüfen.

Bei Frauen über 35 Jahren mit vorhandenen individuellen und familiären Risikofaktoren ist auf eine alternative Methode zu wechseln.

Die substitutive Gabe eines natürlichen Östrogens, kombiniert mit einem Gestagen, wie sie in der unmittelbaren Prämenopause indiziert sein kann, gewährt keinen kontrazeptiven Schutz.

Schlussbemerkungen

Bei den modernen niedrigdosierten Präparaten zur oralen hormonalen Kontrazeption ist das Risiko für gesunde Nichtraucherinnen minim und wird vom Nutzen weit überwogen. Dies gilt auch für Frauen über 35 Jahren: Der langsam einsetzende Anstieg des kardiovaskulären Risikos bleibt weitgehend auf Raucherinnen beschränkt. Bei gesunden Nichtraucherinnen nimmt er langsamer zu als das einer unfreiwilligen Schwangerschaft innewohnende gesundheitliche Risiko.

Die kontrazeptive Beratung muss heute jedoch immer den Gesichtspunkt der Infektionsprophylaxe miteinbeziehen. Gerade bei Jugendlichen genügt angesichts des steigenden Risikos einer HIV-Infektion der alleinige sichere Kontrazeptionsschutz oft nicht mehr. Die Neubewertung der Rolle der oralen Kontrazeption darf somit nicht mehr allein unter dem Aspekt von Dosierungsfragen und metabolischen Profilen gesehen werden, sondern auch unter dem Gesichtspunkt des Schutzes vor sexuell übertragbaren Erkrankungen. Dies führt unter Umständen zur zusätzlichen Notwendigkeit des Gebrauchs von Präservativen trotz regelmässiger Pilleneinnahme, einer bis vor wenigen Jahren kaum denkbaren Entwicklung.

Zusammenfassung

Seit über 30 Jahren wird die hormonale Kontrazeption und dabei vor allem ihre orale Form von Millionen von Frauen angewendet. Während die zunächst verwendeten höherdosierten Östrogen/Gestagen-Kombinationspräparate für die Anwenderin ein erhöhtes – vor allem kardio- und zerebrovaskuläres sowie thromboembolisches – Risiko mit sich brachten, ist bei den modernen, ein Gestagen der letzten Generation enthaltenden niedrigdosierten Präparaten zur oralen hormonalen Kontrazeption das Risiko bei der gesunden Nichtraucherin minim und wird vom Nutzen klar überwogen, sofern die notwendigen Vorsichtsmassnahmen eingehalten werden. Dies gilt auch für Frauen über 35 Jahren. Auch in dieser Altersgruppe bleibt der langsam einsetzende Anstieg des kardiovaskulären Risikos weitgehend auf Raucherinnen beschränkt und bleibt bei der gesunden Nichtraucherin hinter demjenigen des einer unfreiwilligen Schwangerschaft innewohnenden gesundheitlichen Risikos zurück. Bei Frauen über 35 Jahren mit vorhandenen individuellen und familiären Risikofaktoren ist auf eine alternative Kontrazeptionsmethode zu wechseln.

Gerade bei Jugendlichen genügt allerdings angesichts des steigenden Infektionsrisikos der alleinige sichere Kontrazeptionsschutz oft nicht mehr. Die hormonale orale Kontrazeption darf somit nicht mehr alleine unter dem Aspekt von Dosierungsfragen und metabolischen Profilen gesehen werden, sondern es muss auch dem Gesichtspunkt des Schutzes vor sexuell übertragbaren Erkrankungen Rechnung getragen werden.

Summary

For more than 30 years, millions of women have been using hormonal contraception, particularly the contraceptive pill. The initially developed high-dose oestrogen/progestagen combination pills implicated a higher relative risk of complications such as thromboembolic disease, cardiovascular and cerebrovascular accidents. In contrast, the modern, low-dose contraceptive pill (not more than 35 µg ethinylestradiol combined with a modern progestagen) presents a minimal risk in healthy nonsmokers. The disadvantages of a modern pill are highly outbalanced by the benefits in so far as the contraindications are respected. This statement is also correct for women older than 35 years. In this age-group too, the slowly increasing cardiovascular risk is concentrated on smokers and on patients presenting a personal or hereditary risk factor. In healthy women between 35 and 40 years, the risk of the pill is inferior to the risk of an undesired pregnancy. However, in all women presenting an individual or familial risk factor, the administration of a contraceptive pill should be omitted and an alternative contraceptive method chosen.

Particularly in young women and adolescents, a reliable hormonal contraception alone might be insufficient considering the increasing risk of a contamination by a sometimes life-threatening sexually transmitted disease. Today, hormonal contraception has therefore to be evaluated not only based on the type, the amount and the metabolic consequences of synthetic steroids alone, but the aspect of an effective protection from sexually transmitted diseases has to be considered too.

Literatur

1 Fraser, I.S.; Jansen, R.P.S.: Why do inadvertent pregnancies occur in oral contraceptive users? Effectiveness of oral contraceptive regimens and interfering factors. Contraception 6: 531 (1983).
2 Birkhäuser, M.H.; Werner-Zodrow, I.; Huber, P.R.; Mall-Haefeli, M.: Hormonale Kontrazeption. Gynäkologe 17: 175–184 (1984).

3 Wynn, V.; Godsland, I.; Simpson, R.; Crook, D.: Carbohydrate and lipid metabolism in users of fixed-dose, combined oral contraceptives containing levonorgestrel or desogestrel; in Halbe, Rekers, Oral contraception into the 1990's, p. 47 (Parthenon Publishing, Carnforth, UK; Park Ridge, New York 1989).
4 Chapdelaine, A.; Desmarais, J.L.; Derman, R.J.: Clinical evidence of the minimal androgenic activity of norgestimate. Int. J. Fertil. *34:* 327 (1989).
5 Rabe, T.; Runnebaum, R.; Grunwald, K.; Kiesel, L.; Harenberg, J.; Zimmermann, R.; Fidu, W.; Weicher, H.: Metabolic effects of a gestodene containing low-dose oral contraceptive pill; in Breckwoldt, Düsterberg, Gestoden, a new direction in oral contraception, p. 31 (Parthenon Publishing, Carnforth, UK; Park Ridge, New York 1988).
6 Royal College of General Practitioners: Oral contraceptives and health (Pitman, New York 1974).
7 Royal College of General Practitioners: Oral contraceptive study: mortality among oral contraceptive users. Lancet *ii:* 727 (1977).
8 Royal College of General Practitioners: Oral contraceptive study: oral contraceptives, venous thrombosis, and varicose veins. J. R. Coll. gen. Pract. *28:* 393 (1978).
9 Royal College of General Practitioners. Oral contraceptive study: further analyses of mortality in oral contraceptive users. Lancet *i:* 541 (1981).
10 Royal College of General Practitioners: Oral contraceptive study: incidence of arterial disease among oral contraceptive users. J. R. Coll. gen. Pract. *33:* 75 (1983).
11 Vessey, M.P.; McPherson, K.; Johnson, B.: Mortality among women participating in the Oxford Family Planning Association contraceptive study. Lancet *ii:* 731 (1977).
12 Vessey, M.P.; McPherson, K.; Yeates, D.: Mortality in oral contraceptive users. Lancet *i:* 549 (1981).
13 Vessey, M.P.; Lawless, M.; Yeates, D.: Oral contraceptives and stroke: findings in a large prospective study. Br. med. J. *289:* 530 (1984).
14 Ramcharan, S.; Pellegrin, F.A.; Ray, R.M.; Hsu, J.-P.: The Walnut Creek contraceptive drug study. A prospective study of the side effects of oral contraceptives. J. reprod. Med. *25:* 366 (1980).
15 Mammen, E.F.: Oral contraceptives and blood coagulation. A critical review. Am. J. Obstet. Gynec. *142:* 781 (1982).
16 Bottinger, L.E.; Boman, G.; Eklund, G.; Westerholm, B.: Oral contraceptives and thromboembolic disease: effects of lowering oestrogen content. Lancet *i:* 1097 (1980).
17 Meade, T.W.; Greenburg, G.; Thompson, S.G.: Progestogens and cardiovascular reactions associated with oral contraceptives and a comparison of the safety of 50 and 30 µg estrogen preparations. Br med. J. *280:* 1157 (1980).
18 Beller, F.K.; Ebert, C.: Effects of oral contraceptives on blood coagulation, a review. Obstetl gynec. Surv. *40:* 425 (1985).
19 Porter, J.B.; Hunter, J.R.; Jick, H.; Stergachis, A.: Oral contraceptives and nonfatal vascular disease. Obstet. Gynec. N.Y. *66:* 1 (1985).
20 Bonnar, J.: Coagulation effects of oral contraception. Am. J. Obstet. Gynec. *157:* 1042 (1987).
21 Collaborative Group for Study of Stroke in Young Women: Oral contraception and stroke in young women. J. Am. med. Ass. *231:* 718 (1975).

22 Porter, J.B.; Hershel, J.; Walker, A.M.: Mortality among oral contraceptive users. Obstet. Gynec., N.Y. *70:* 29 (1987).
23 Mann, J.I.; Vessey, M.P.; Thorogood, M.; Doll, R.: Myocardial infarction in young women with special reference to oral contraceptive practice. Br. med. J. *ii:* 241 (1975).
24 Mann, J.I.; Inman, W.H.W.: Oral contraceptives and death from myocardial infarction. Br. med. J. *ii:* 245 (1975).
25 Ory, H.W.; Association between oral contraceptives and myocardial infarction. J. Am. med. Ass. *237:* 2619 (1977).
26 Shapiro, S.; Slone, D.; Rosenberg, L.; Kaufman, D.W., Stolley, P.D.; Miettinen, O.S.: Oral contraceptive use in relation to myocardial infarction. Lancet *i:* 743 (1979).
27 Hennekens, C.H.; Evans, D.; Peto, R.: Oral contraceptive use, cigarette smoking and myocardial infarction. Br. J. Fam. Plann. *5:* 66 (1979).
28 Rosenberg, L.; Hennekens, C.H.; Rosner, B.; Belanger, C.; Rothman, K.H.; Speizer, F.E.: Oral contraceptive use in relation to nonfatal myocardial infarction. Am. J. Epidem. *11:* 59 (1980).
29 Tietze, C.: The pill and mortality from cardiovascular disease: another look. Fam. plann. Perspect. *11:* 80 (1979).
30 Belsey, M.A., Russel, Y.; Kinnear, K.: Cardiovascular disease and oral contraceptives: a reappraisal of vital statistics data. Fam. plann. Perspect. *11:* 84 (1979).
31 Slone, D.; Shapiro, S.; Kaufman, D.W.; Rosenberg, L.; Miettinen, O.S.; Stolley, P.D.; Risk of myocardial infarction in relation to current and discontinued use of oral contraceptives. New Engl. J. Med. *305:* 420 (1981).
32 Kay, C.R.; The happiness pill. J.R. Coll. gen. Pract. *30:* 8 (1980).
33 Meade, T.W.; Haines, A.G.; North, W.R.S.; Chakrabarti, R.; Howarth, D.I.; Stirling, Y.: Haemostatic, lipid, and blood pressure profiles of women on oral contraceptives containing 50 mcg or 30 mcg oestrogen. Lancet *ii:* 948 (1977).
34 Khaw, K.-T.; Peart, W.S.: Blood pressure and contraceptive use. Br. med. J. *285:* 403 (1982).
35 Wilson, E.; Cruickshank, I.; McMaster, M.; Weir, R.J.: A prospective controlled study of the effect on blood pressure of contraceptive preparations containing different types and dosages of progestogen. Br. J. Obstet. Gynaec. *91:* 1254 (1984).
36 Kovacs, L.; Bartfai, G.; Apro, G.; Annus, J.; Bulpitt, C.; Belsey, E.; Pinol, A.: The effect of the contraceptive pill on blood pressure; a randomized controlled trial of three progestogen-oestrogen combinations in Szegen, Hungary. Contraception *33:* 69 (1986).
37 Lipid Research Clinics Program: The Lipid Research Clinics coronary primary prevention trials results. II. The relationship of reduction in incidence of coronary heart disease to cholesterol lowering. J. Am. med. Ass. *251.* 365 (1984).
38 Wahl, P.; Walden, C.; Knopp, R.; Hoover, J.; Wallace, R.; Heiss, G.; Refkind, B.: Effect of estrogen/progestin potency on lipid/lipoprotein cholesterol. New Engl. J. Med. *308:* 862 (1983).
39 Knopp, R.H.: Arteriosclerosis risk; the roles of oral contraceptives and postmenopausal estrogen. J. reprod. Med. *31.* 913 (1986).
40 Kloosterboer, H.J.; Wayjen, R.G.A. van; Ende, A. van den: Comparative effects of monophasic desogestrel plus ethinyloestradiol and triphasic levonogestrel plus ethinyloestradiol on lipid metabolism. Contraception *34:* 135 (1986).

41 Fortherby, K.: Effect of oral contraceptives on lipid metabolism: in Genazzani, Volpe, Faccinetti, Gynecological endocrinology, pp. 393–398 (Parthenon Publishing, New Jersey 1987).
42 Gaspard, U.: Metabolic effects of oral contraceptives. Am. J. Obstet. Gynec. *157:* 1029 (1987).
43 Burkmann, R.T.; Robinson, J.C.; Kruszon-Moran, D.; Kimball, A.W.; Kwiterovich, P.; Burford, R.G.: Lipid and lipoprotein changes associated with oral contraceptive use: a randomized clinical trial. Obstet. Gynec., N.Y. *71:* 33 (1988).
44 Bertolini, S.; Capitanio, G.L.; Terrile, E.; Cuzzolaro, S., Cossom, A.; Daroda, P.; Croce, S.: Effects of gestodene on lipoprotein metabolism; in Genazzani, Volpe, Faccinetti, Gynecological endocrinology, pp. 533–535 (Parthenon Publishing, New Jersey 1987).
45 Percival-Smith, R.K.L.; Morrison, B.J.; Sizto, R.; Abercrombie, B.: The effect of triphasic and biphasic oral contraceptive preparations on HDL-cholesterol and LDL-cholesterol in young women. Contraception *35:* 179 (1987).
46 Layde, P.M.; Ory, H.W.; Schlesselmann, J.J.: The risk of myocardial infarction in former users of oral contraceptives. Fam. Plann. Perspect. *14:* 78 (1982).
47 Gaspard, U.J.; Buret, J.; Gillain, D.J.; Romus, M.A.; Labotte, R.: Serum lipid and lipoprotein changes induced by new oral contraceptives containing ethinylestradiol plus levonorgestrel or desogestrel. Contraception *31:* 295 (1985).
48 Runnebaum, B.; Rabe, T.: New progestogens in oral contraceptives. Am. J. Obstet. Gynec. *157:* 1059 (1987).
49 Vange, N. van der; Kloosterboer, H.J.; Haspels, A.A.: Effect of seven low-dose combined oral contraceptive preparations on carbohydrate metabolism. Am. J. Obstet. Gynec. *156:* 918 (1987).
50 The Cancer and Steroid Hormone Study of the CDC and NICHD: Combination oral contraceptive use and the risk of endometrial cancer. J. Am. med. Ass. *257:* 796 (1987).
51 Clarke, E.A.; Hatcher, J.; McKeown-Eyssen, G.E.; Lickrish, G.M.: Cervical dysplasia: association with sexual behavior, smoking, and oral contraceptive use. Am. J. Obstet. Gynec. *151:* 612 (1985).
52 Hellberg, D.; Valentin, J.; Nilsson, S.: Long term use of oral contraceptives and cervical neoplasia: an association confounded by other risk factors. Contraception *32:* 337 (1985).
53 Brinton, L.A., Huggins, G.R.; Lehman, H.F.; Mallin, K.; Savitz, D.A.; Trapido, E.; Rosenthal, J.; Hoover, R.: Long-term use of oral contraceptives and risk of invasive cervical cancer. Int. J. Cancer *38:* 339 (1986).
54 Irwin, K.L.; Rosero-Bixby, L.; Oberle, M.W.; Lee, N.C.; Whatley, A.S.; Fortney, J.A.; Bonhomme, M.G.: Oral contraceptives and cervical cancer risk in Costa Rica: detection bias or causal association? J. Am. med. Ass. *259:* 59 (1988).
55 Mall-Haeferli, M.: Biochemical and clinical results of a new low-dose oral contraceptive; in Breckwoldt, Düsterberg, Gestodene, a new direction in oral contraception, pp. 69–86 (Parthenon Publishing, Carnforth, UK; Park Ridge, New York 1988).
56 The Cancer and Steroid Hormone Study of the CDC and NICHD: The reduction in risk of ovarian cancer associated with oral contraceptive use. New Engl. J. Med. *316:* 650 (1987).

57 Pike, M.C.; Krailo, M.D.; Henderson, B.E.; Duke, A.; Roy, S.: Breast cancer in young women and use of oral contraceptives: possible modifying effect of formulation and age at use. Lancet *ii:* 926 (1983).
58 Olsson, H.; Landin-Olsson, M.; Moller, T.R.; Ranstam, J.; Holm, P.: Oral contraceptive use and breast cancer in young women in Sweden. Lancet *i:* 748 (1985).
59 McPherson, K.; Vessey, M.P.; Neil, A.; Doll, R.; Jones, L.; Roberts, M.: Early oral contraceptive use and breast cancer: results of another case-control study. Br. J. Cancer *56:* 653 (1987).
60 Meirik, O.; Dami, H.; Christoffersen, T.; Lund, E.; Berstrom, R.; Bergsjo, P.: Oral contraceptive use and breast cancer in young women. Lancet *ii.* 650 (1986).
61 Miller, D.R.; Rosenberg, L.; Kaufmann, D.W.; Stolley, P.; Warshauer, M.E.; Shapiro, S.: Breast cancer before age 45 and oral contraceptive use: new findings. Am. J. Epidem. *129:* 269–280 (1988).
62 Kay, C.R.; Hannaford, P.C.: Breast cancer and the pill – a further report from the Royal College of General Practioners oral contraception study. Br. J. Cancer *58:* 675 (1988).
63 Stadel, B.V.; Rubin, G.L.; Webster, L.A., Schlesselmann, J.J.; Wingo, P.A.: Oral contraceptives and breast cancer in young women. Lancet *ii:* 970 (1985).
64 Cancer and Steroid Hormone Study, CDC and NICHD: Oral contraceptive use and the risk of breast cancer. New Engl. J. Med. *315:* 405 (1986).
65 Paul, C.; Skegg, D.C.G.; Spears, G.F.S.; Kaldor, J.M.: Oral contraceptives and breast cancer: a national study. Br. med. J. *292:* 723 (1986).
66 Schlesselmann, J.J.; Stadel, B.V.; Murray, P.; Lai, S.: Breast cancer in relation to early use of oral contraceptives. No evidence of a latent effect. J. Am. med. Ass. *259:* 1828 (1988).
67 Duffy, T.J.; Ray. R.: Oral contraceptive use: prospective follow-up of women with suspected glucose intolerance. Contraception *30:* 197 (1984).
68 Skouby, S.O.; Kuhl, C.; Molsted-Pedersen, L.; Petersen, K.; Christensen, M.S.: Triphasic oral contraception: metabolic effects in normal women and those with previous gestational diabetes. Am. J. Obstet Gynec. *153:* 495 (1985).
69 Skouby, S.O.; Andersen, O.; Saurbrey, N.; Kuhl, C.: Oral contraception and insulin sensitivity: in vivo assessment in normal women and women with previous gestational diabetes. J. clin. endocr. Metab. *64:* 519 (1987).
70 Birkhäuser, M.: Zyklus, Epilepsie und Kontrazeption. Neurologie Psychiatrie, suppl. 1, p. 26 (1988).
71 Mall-Haefeli, M.; Werner-Zodrow, I.; Birkhäuser, M.; Huber, P.R.: Advantages and disadvantages of low-dose hormonal contraceptive agents; in Runnebaum, Rabe, Kiesel, Future aspects in contraception. Proc. Int. Symp., Heidelberg, 1984, part 2, Female contraception, p. 71 (MTP Press, Boston 1985).
72 Huber, P.R.: Einfluss von Ovulationshemmern auf steroidbindende Proteine. Hormonale Kontrazeption. Eine Standortbestimmung. Int. Symp., Basel, p. 37 (Karger, Basel 1983).

PD Dr. med. M. Birkhäuser,
Leiter der Abteilung für gynäkologische Endokrinologie, Universitäts-Frauenklinik Bern, Schanzeneckstrasse 1, CH–3012 Bern (Schweiz)

Keller PJ (Hrsg): Aktuelle Aspekte der hormonalen Kontrazeption.
Basel, Karger, 1991, pp 21–32

Kontrazeptives Verhalten und Verträglichkeit kontrazeptiver Methoden

J. Bitzer

Universitäts-Frauenklinik, Sozialmedizinischer Dienst, Kantonsspital Basel, Schweiz

Der Idealfall gelungener Familienplanung lässt sich folgendermassen beschreiben: Die Frau, der Mann, das Paar, treffen die Entscheidung zur Kontrazeption für einen bestimmten Zeitraum. Eine Methode wird gewählt. Sie wird regelmässig angewandt, gut vertragen, zeigt keine Nebenwirkungen und wird erst dann abgesetzt, wenn sich die Einzelperson oder das Paar ein Kind wünscht. Nach Absetzen der Kontrazeption tritt die gewünschte Schwangerschaft ein.

Die Realität sieht anders aus:

a) Kontrazeptive Methoden werden nicht, oder nicht regelmässig oder fehlerhaft, angewendet, mit der Konsequenz einer unverändert hohen Zahl ungewollter Schwangerschaften und Schwangerschaftsabbrüche (geschätzte Rate der Schwangerschaftsabbrüche: Italien 28%, Frankreich 21%, BRD 20%, GB 14%) [1].

b) Kontrazeptive Methoden führen zu von den Benutzern nicht gewünschten Wirkungen im körperlichen und psychischen Befinden.

Störungen des kontrazeptiven Verhaltens und der Verträglichkeit der Kontrazeption sind also praktische, ungelöste Probleme der Familienplanung.

Die bisherige Forschung zu diesen beiden Bereichen hat sich deshalb als schwierig und kompliziert erwiesen, weil sowohl das kontrazeptive Verhalten als auch die Verträglichkeit der Kontrazeption von fast unzähligen biologischen, psychologischen und sozialen Variablen abhängt und damit einer systematischen Beobachtung schwer zugänglich sind. Deshalb sollen im folgenden Beitrag einige für die Praxis wichtige und typische Problembereiche des kontrazeptiven Verhaltens und der kontrazeptiven Verträglichkeit herausgegriffen und dargestellt werden, wobei zum einen Ergebnisse aus der Literatur und zum andern Resultate einer Eigenuntersuchung zur Darstellung gebracht werden.

Diese Eigenuntersuchung umfasste 1017 Patientinnen der Familienplanungssprechstunde der Universitäts-Frauenklinik Basel, bei denen in einer Quer- und Längsschnittuntersuchung Befunde zum kontrazeptiven Verhalten und zur Verträglichkeit der Kontrazeption erhoben wurden.

Kontrazeptives Verhalten

Unter kontrazeptivem Verhalten verstehen wir alle jene Massnahmen, die ein Individuum oder ein Paar einsetzen, um ungewollte Schwangerschaften zu verhindern. Dabei lassen sich folgende typische Problembereiche des kontrazeptiven Verhaltens unterscheiden:

Nichtbenutzung kontrazeptiver Methoden
In der Literatur wird beschrieben, dass zwischen 20 und 60% der Paare im fertilen Alter trotz fehlenden Kinderwunsches keine Kontrazeption betreiben [1]. Dabei kann unterschieden werden zwischen primärer Ablehnung der Kontrazeption, mangelhaften Kenntnissen der Methode und dem sehr häufig vorkommenden zeitweiligen Absetzen bis anhin effizienter Methoden.

Kühne und Höpflinger [2] haben in einer repräsentativen Befragung von 632 Ehefrauen und 601 Ehemännern in der Schweiz festgestellt, dass 30% der Frauen und 27% der befragten Männer keine kontrazeptiven Methoden anwenden. Riphagen und Lehert [1] haben in einer Studie des IHF in 5 europäischen Ländern bei Frauen zwischen 15 und 44 Jahren folgende Raten der Nichtbenutzung kontrazeptiver Methoden trotz sexueller Aktivität gefunden: Italien 30%, Frankreich 24%, GB 10%, BRD 19%, Spanien 26%.

Weltweit wird von der International Planned Parenthood Federation geschätzt, dass von 500 Mio Frauen im gebärfähigen Alter rund 70% keine kontrazeptive Methode verwenden [3]. Westoff und Jones [4] haben in einer Untersuchung in den USA gefunden, dass bei Pillenbenutzerinnen rund 16% nach 3 Monaten und 41% während des 1. Jahres die kontrazeptive Behandlung abbrechen, wobei in der Folge relativ häufig ungeschützter Geschlechtsverkehr stattfindet.

Verwendung inadäquater Methoden
Darunter ist zu verstehen, dass trotz des Wunsches nach einer sicheren Verhütung unsichere Methoden angewandt werden, oder aber, dass für die betreffende Patientin ungeeignete oder schädliche Methoden zur Anwendung kommen. Mosher [5] und Bachrach [6] haben im «Fertility Survey» von 1982 in den USA gefunden, dass 22,3% der Befragten unsichere kontrazeptive Methoden anwenden.

Riphagen und Lehert [1] fanden laut der erwähnten Studie, dass in Italien 49%, in Frankreich 21%, in GB 21% und in der BRD 31% der Patientinnen unsichere Methoden anwendeten.

Newton [7] hat in England in einer «Nurse Specialist Clinic for Family Planning» zeigen können, dass nach Absetzen von Ovulationshemmern 23% der Frauen auf Barrieremethoden umstiegen und 16% keine weitere Kontrazeption verwendeten und dass nach Absetzen des Intrauterinpessars 20% die Barrieremethoden weiterverwendeten und 7% keine Kontrazeption mehr betrieben.

Fehlerhafte Anwendung kontrazeptiver Methoden
Hierbei kommen kontrazeptive Methoden zwar zur Anwendung, aber nicht korrekt, z.B. wird die Pille vergessen, die Spirale nicht kontrolliert, bei der Dreimonatsspritze werden die Injektionsintervalle nicht eingehalten, bei den lokalen Verhütungsmethoden wird nicht auf den korrekten Sitz oder die korrekte Lage geachtet. Über diese Complianceprobleme im engeren Sinne liegen relativ wenig Studien vor.

In einer Übersichtsarbeit wiesen Grady et al. [8] im «Fertility Survey» darauf hin, dass in den USA rund 10,7% Patientinnenversager bei allen verwendeten kontrazeptiven Methoden in der Altersgruppe 15–24 Jahre vorkommen, während diese Rate in der Gruppe 35–44 Jahre bei 1,4% liegt. Laut dieser Studie fanden sich bei Pillenbenützerinnen 5% Versager infolge der Einnahmefehler, beim Diaphragma 18–52% Versager, ebenfalls infolge fehlerhafter Anwendung. Brill et al. [31] haben in einer Multizenterstudie zum Gestoden gefunden, dass 12,6% der Frauen Einnahmefehler angaben.

In einem «Fertility Survey» von 1973 hat Ryder [9] für die USA zusammenfassend festgestellt, dass bei einem Drittel verheirateter, Kontrazeption betreibender Paare es im Verlauf von 5 Jahren zu einer ungewollten Schwangerschaft kam, und er hat bei der genaueren Betrachtung der kontrazeptiven Methoden folgende Raten ungewollter Schwangerschaften innerhalb eines Jahres differenziert: Pillenbenützerinnen 6%, Intrauterinpessar 12%, Kondom 18%, Diaphragma 23%, Schaum 31%, Rhythmus 33%, Dusche 39%.

Eigene Untersuchungen

Wir haben bei dem von uns untersuchten Kollektiv von 1017 Frauen einer grossen Familienplanungsstelle folgende Problembereiche des kontrazeptiven Verhaltens beobachtet: Zum Untersuchungszeitpunkt wandten 978 Frauen eine kontrazeptive Methode an, 41 waren trotz Exposition ohne kontrazeptiven Schutz, weil sie glaubten, nicht schwanger werden zu können. 870 Frauen wandten sichere, 95 unsichere Methoden an.

628 Frauen zeigten bei den sicheren Methoden eine gute, 117 eine mittlere und 111 eine schlechte Compliance. Bei den unsicheren Methoden wurde im Zeitraum der letzten 6 Monate bei 62 Frauen oder Männern eine sorgfältige Anwendung, bei 33 eine nachlässige Verwendung beobachtet. Damit ergibt sich, dass bei dem von uns betreuten Kollektiv 245 Frauen (24%) Probleme im Bereich des kontrazeptiven Verhaltens zeigten.

Determinanten kontrazeptiven Verhaltens

Das kontrazeptive Verhalten wird durch zahlreiche Faktoren bestimmt und beeinflusst. Zunächst lässt sich sagen, dass das beobachtbare kontrazeptive Verhalten bestimmt wird aus der Wechselwirkung zwischen Motivation zur Kontrazeption und real zur Verfügung stehenden kontrazeptiven Methoden. Die Motivation zur Kontrazeption wird bedingt durch *kognitive Faktoren*, wie Kosten-Nutzen-Analyse usw., durch *kommunikative Faktoren,* wie soziales Lernen, soziokulturelle Einflüsse, partnerschaftliche Variablen, und *emotionale Faktoren,* wie Ängste und Konflikte, die sich intrapsychisch um den Umgang mit Fruchtbarkeit und Sexualität drehen. Welche kontrazeptiven Methoden zur Verfügung stehen, hängt ab vom medizinischen Versorgungssystem, vom Forschungsstand einer Gesellschaft und von zahlreichen anderen soziokulturellen Determinanten.

Aufgrund des komplexen Gefüges gibt es wenige empirische Studien zu den Faktoren, die kontrazeptives Verhalten bestimmen. Zu den kognitiven Faktoren, die das kontrazeptive Verhalten beeinflussen, hat Luker [10] die umfassendsten Untersuchungen vorgelegt. Seine Arbeiten basieren auf einem logischen Modell der Kosten-Nutzen-Analyse. In diesem Modell tritt dann ein unsicheres kontrazeptives Verhalten auf, wenn die Kosten der Kontrazeption höher sind als die Kosten einer Schwangerschaft und/ oder wenn der Nutzen einer Schwangerschaft den Nutzen der Kontrazeption überwiegt. Dieses rationale «Decision-making»-Modell wurde von einigen Autoren bestätigt, die nach Befragungen von Frauen mit und ohne Kontrazeption überwiegend logische Kosten-Nutzen-Analysen als bestimmenden Faktor nachwiesen.

Andere Autoren haben dieses logische Modell nicht bestätigen können. Besonders Crosbie und Bite [11] konnten zeigen, dass die Unterschiede zwischen Benutzerinnen kontrazeptiver Methoden und Nichtbenutzerinnen auf dem Hintergrund von logischen Kosten-Nutzen-Überlegungen nicht erklärbar waren bzw. dass die Frauen selbst diese Überlegungen offenbar gar nicht vornahmen, sondern häufig ihr manifestes kontrazeptives Verhalten logisch nicht begründen konnten.

Bei der Betrachtung der *kommunikativen Faktoren* zeigt sich die grosse Bedeutung der Partnerschaft für das kontrazeptive Verhalten. In einer Studie bei College-Studentinnen fanden Foreit und Foreit [12], dass die Qualität der Partnerschaft mehr noch als Persönlichkeitsvariablen die Entscheidung für eine bestimmte kontrazeptive Methode beeinflussen. Rains [13] beobachtete, dass die Zufriedenheit mit der Sexualität positiv mit sicherer Kontrazeption korrelierte. Bracken et al. [14] wiesen darauf hin, dass besonders das Fehlen von Gespräch und Übereinstimmungen bezüglich der Kontrazeption zwischen den Partnern Kontrazeptionsversager bedingten. Rainwater [15] unterschied kooperatives und getrenntes Rollenverhalten innerhalb der Partnerschaft und fand, dass bei Paaren mit getrenntem Rollenverhalten häufiger Kontrazeptionsversager vorkamen. Verschiedene Autoren haben das kontrazeptive Verhalten in Abhängigkeit von der partnerschaftlichen Entwicklung und Paardynamik untersucht [16]. Dabei wurde deutlich, dass die Verwendung sicherer kontrazeptiver Methoden, insbesondere der Pille, dann am verlässlichsten war, wenn die betreffende Frau die Partnerschaft als stabil und verlässlich empfand.

Zu den *emotionalen* und *persönlichkeitsspezifischen Faktoren,* die das kontrazeptive Verhalten bestimmen, liegt eine ganze Reihe von Untersuchungen vor. Zahlreiche empirische Studien zum Kontrazeptionsverhalten fanden eine positive Korrelation zwischen Selbstsicherheit, Zufriedenheit mit der eigenen Sexualität, einem Gefühl der Selbstkontrolle und Verantwortung für die Partnerschaft auf der einen und adäquatem Kontrazeptionsverhalten auf der anderen Seite [17].

Entsprechend dieser Ergebnisse wurde gefunden, dass Schuldgefühle bezüglich sexueller Wünsche und sexuellen Verhaltens negativ mit sicherer Kontrazeption korrelieren. Sichere Kontrazeption wird dabei als Aufforderung zur Promiskuität erlebt und deshalb abgelehnt. Springer-Kremser [18] hat ganz allgemein die persönlichkeitsspezifischen Variablen definiert, die angepasstes kontrazeptives Verhalten bedingen bzw. bei deren Fehlen Störungen dieser Anpassungsleistung auftreten. Sie unterscheidet dabei in Anlehnung an Bellak folgende wichtige Ich-Funktionen: Realitätsprüfung, Urteilsfähigkeit, Realitätssinn, Regulierung von Trieben, affektiven Impulsen, Art und Qualität der Objektbeziehungen und Abwehrmechanismen. Aus dieser Zusammenstellung wird deutlich, wie komplex und störanfällig das kontrazeptive Verhalten aus psychologischer Sicht ist.

Schliesslich hat eine ganze Reihe von Untersuchern auf die soziokulturellen Einflüsse, die das kontrazeptive Verhalten mitbedingen, aufmerksam gemacht. Rogers und Shoemaker [19], Rosario [20] und Porter [21] haben auf die grosse Bedeutung der «opinion leaders» in den jeweiligen gesellschaftlichen Gruppen hingewiesen, die durch ihre Aussagen wesentlich das kontrazeptive Verhalten beeinflussen.

Van Rensellaer [22] hat gezeigt, dass in Entwicklungsländern die Verbreitung sicherer kontrazeptiver Methoden dadurch erschwert wurde, dass diese Methoden zunächst von Randgruppen angewandt wurden bzw. mit den heimlichen Liebesaffären überwiegend junger Leute in Verbindung gebracht wurden. Weiterhin zeigen zahlreiche Studien auch eine positive Korrelation zwischen Ausbildung, Information und sicherem kontrazeptivem Verhalten.

Ein weiterer, für die Praxis sehr wichtiger Punkt wurde von Basker [23] betont. Er konnte zeigen, dass Kommunikationsschwierigkeiten zwischen Klientin und Ärzten eine wesentliche Rolle beim Absetzen sicherer kontrazeptiver Methoden spielten.

Wir haben in unserer Untersuchung bei 245 Patientinnen, bei denen im weitesten Sinne Complianceschwierigkeiten mit der Kontrazeption aufgetreten waren, folgende bedingende Faktoren gefunden (Tab. 1): Zunächst einmal mangelnde Information und Fehlinformationen, die dann

Tabelle 1. Ursachen der Störungen des kontrazeptiven Verhaltens (n = 245)

Kognitive Faktoren	mangelnde Information, Fehlinformation	78
Emotionale Faktoren	irrationale Ängste	98
	Verleugnung	64
	ambivalenter Kinderwunsch	82
Sozialpsychologische kommunikative Faktoren	Partner- und Sexualkonflikte	168
	Arzt-Patienten-Beziehung schlecht	78
	soziokulturelle Einflüsse	59

zu einer negativen Kosten-Nutzen-Bilanz beigetragen haben. Noch häufiger waren aber persönlichkeitsspezifische Faktoren, wie unbewusste Ängste vor gesundheitlicher Bedrohung, Verleugnung der realen Schwangerschaftsmöglichkeit, Ausagieren von unbewussten Machtkonflikten mit sinnlosem und riskantem Sexualverhalten. Bei einer grossen Zahl der Paare fand sich bei genauer Exploration ein ambivalenter Kinderwunsch als wesentliches Motiv unsicheren kontrazeptiven Verhaltens. Weiterhin zeigte sich, dass sozialpsychologische und kommunikative Faktoren eine entscheidende Rolle spielten. Sehr häufig lagen partnerschaftliche Konflikte der mangelnden Compliance zugrunde und nicht selten konnte retrospektiv auch eine erschwerte gestörte Arzt-Patientinnen-Beziehung als wesentlicher ursächlicher Faktor eruiert werden. Eine kleinere Rolle spielten in dem von uns untersuchten Kollektiv die Einflüsse durch die Massenmedien, wobei wir aber besonders bei unseren südeuropäischen Klientinnen die Auswirkungen von Meinungsmachern innerhalb der Familien und grösserer Gruppen deutlich spürten.

Verträglichkeit kontrazeptiver Methoden

Unter Verträglichkeit der Kontrazeption verstehen wir die subjektive Befindlichkeit (körperlich und psychisch) während der Anwendung einer Methode oder mehrerer kontrazeptiver Vorgehensweisen.

Die Verträglichkeit kann anhand folgender Parameter beschrieben und quantifiziert werden:

a) Subjektive Zufriedenheit mit der Kontrazeption (Akzeptanz).
b) Art und Umfang der somatischen, psychischen und sozialen Nebenwirkungen.

Subjektive Zufriedenheit mit der Kontrazeption (Akzeptanz)

Die Erfassung der subjektiven Zufriedenheit mit der Kontrazeption bereitet methodische Schwierigkeiten. Insgesamt liegen wenige umfassende Studien vor. Indirekte Daten ergeben sich aus den «Fertility Surveys» in den USA, in denen überwiegend in den 60er und 70er Jahren Befragungen zur Akzeptanz, besonders der oralen Kontrazeption, durchgeführt wurden. Westoff und Ryder [24] haben 4810 Frauen untersucht. 26% hatten schon einmal die Pille genommen, 40% sie wieder abgesetzt. 80% hatten sie wegen Schwierigkeiten abgesetzt, davon 65% wegen Nebenwirkungen. In der Hauptsache waren dies schwangerschaftsähnliche Reaktionen.

Meylan et al. [25] haben in einer Literaturzusammenstellung, die 6260 Patientinnen erfasste, gefunden, dass 32% die orale Antikonzeption aufgaben, wobei eine Streuung zwischen den Autoren von 8,6 bis 69% vorkam. Im Durchschnitt hatten 7,1% wegen Nebenwirkungen diese Methode aufgegeben, bei 12,7% spielten Faktoren der Akzeptabilität im engeren Sinn, wie Furcht vor Krebs und andere psychologische Einflüsse, die entscheidende Rolle.

Weltweit zeigt die Akzeptanz der hormonalen Kontrazeption eine sehr unterschiedliche Dynamik [26]. In der Mitte der 70er Jahre hat das Vertrauen in die Pille wegen des Verdachts eines erhöhten Herzinfarktrisikos bei Pillenanwenderinnen vor allem in den USA einen entscheidenden Rückschlag erlitten, der bis zum heutigen Tag nicht wettgemacht wurde. In der BRD hat sich dagegen seit 1972 die Akzeptanz der Pille eingependelt, so dass rund ein Drittel der Frauen zwischen 15 und 44 Jahren diese Methode verwenden. Bezüglich der Zufriedenheit mit der Spirale zeigen die Anwendungshäufigkeiten in den verschiedenen Ländern indirekt eine mittlere Akzeptanz dieser Methode mit einer Anwendungshäufigkeit von 8 bis 19% bei den von Riphagen und Lehert [1] untersuchten repräsentativen europäischen Kollektiven.

Bei einer Untersuchung jugendlicher Anwenderinnen des Intrauterinpessars fanden Mall-Häfeli und Sarasin [27] eine Zufriedenheit mit dieser Kontrazeptionsform bei 66%. In einer grossangelegten prospektiven Studie mit 1599 Patientinnen, die 23 379 Zyklen umfasste, beschrieb Mall-Häfeli [28] eine Entfernungsrate von 18,62%, wobei 4,3% der Frauen die Spirale wegen Kinderwunsches entfernen liessen.

Art und Umfang der Nebenwirkungen der Kontrazeption

Alle kontrazeptiven Methoden zeigen Wirkungen und Nebenwirkungen. Die Nebenwirkungen lassen sich folgendermassen untergliedern: somatisch/psychisch, objektiv/subjektiv, schwer/leicht.

Die schweren objektiven Nebenwirkungen sowohl der oralen Kontrazeption als auch der Intrauterinpessarprophylaxe konnten in ihrer Häufigkeit in den letzten Jahren deutlich vermindert werden. Im Vordergrund stehen jetzt überwiegend subjektive Nebenwirkungen im körperlichen und psychischen Bereich. In einer Literaturzusammenstellung lässt sich die Rate der leichten somatischen und subjektiven Nebenwirkungen im körperlichen und psychischen Bereich unter oraler Kontrazeption im Durchschnitt bei etwa 15–20% angeben, wobei die Angaben von 5 bis fast 60% schwanken [26, 29]. In den meisten Untersuchungen wird in diesem Zusammenhang auf starke psychosoziale Einflüsse hingewiesen. Besonders Stamm und Kraus [30] haben in einer plazebokontrollierten Studie zeigen können, dass eine grosse Zahl dieser Nebenwirkungen auch unter Plazebo angegeben wird. Bei der Spirale liegt die Rate der objektivierbaren schweren somatischen Komplikation, wie PID, intrauterine und extrauterine Gravidität, zwischen 1 und 4%. Die Rate der objektivierbaren leichteren somatischen Nebenwirkungen wird zwischen 10 und 30% angegeben [29].

Eigene Untersuchungen

Im schon beschriebenen Kollektiv waren zum Befragungszeitpunkt 56% der Frauen mit der von ihnen verwendeten kontrazeptiven Methode im Hinblick auf die vergangenen 6 Monate vollauf zufrieden, 28% gaben an, mittelmässig zufrieden zu sein, 21% waren unzufrieden. Wenn wir uns das Nebenwirkungsprofil des untersuchten Kollektivs anschauen, so ergibt sich folgendes: 48% der Untersuchten hatten keinerlei Nebenwirkungen seitens der verwendeten kontrazeptiven Methode, bei knapp 2% waren schwere somatische, bei 21% leichte somatische und bei 24% subjektive körperliche Nebenwirkungen aufgetreten. Knapp 5% klagten zum Untersuchungszeitpunkt über psychische Nebenwirkungen der Kontrazeption.

Aufgrund der beschriebenen Zusammenhänge zwischen biologischen, medizintechnischen und psychosozialen Faktoren lässt sich aus diesen Zahlen folgern, dass wir bei 25–35% der von uns betreuten Frauen dem Idealziel der Familienplanung nur durch eine verbesserte und intensivierte Beratung und Betreuung näher kommen können, bei der die gynäkologisch-endokrinologische Kompetenz des behandelnden Arztes sich mit

Kompetenz in psychosozialen Fragen verbindet. Moderne Familienplanungsarbeit sollte deshalb als biopsychosoziale Sprechstunde diesen verschiedenen Aspekten Rechnung tragen.

Zusammenfassung

Wenn wir unsere Daten zum kontrazeptiven Verhalten und zur kontrazeptiven Verträglichkeit bei 1017 Frauen zusammenfassen, ergibt sich, dass wir in unserem Kollektiv bei rund einem Viertel der Patientinnen mit Complianceschwierigkeiten rechnen müssen, dass 20–30% mit den zur Verfügung stehenden kontrazeptiven Methoden nicht zufrieden sind und dass sich die Rate der subjektiven Nebenwirkungen zwischen 20 und 30% bewegt.

Contraceptive Behaviour, Acceptability and Side-Effects of Contraceptive Methods

Problems of contraceptive behaviour include the non-use, the use of inefficient, and the incorrect use of efficient contraceptive methods. Acceptability is the result of subjective feelings of well-being and satisfaction and of the occurence of side-effects. In a randomly selected population (1017 patients) of a large university-based family planning center we investigated these behavioural problems by a retrospective field study. We found that 24% of the patients had compliance problems, 4% not using any method, 9% using inefficient methods and 11% showing incorrect use of efficient methods. 20–30% of the women were dissatisfied with the contraceptive method used. The rate of subjective side-effects was 29%. The reasons for behavioural problems can be divided into cognitive, communicative, emotional, and social factors. We found communicative and emotional factors of main importance in patients with inadequate contraceptive behaviour. This shows the importance of a comprehensive approach in family planning, integrating contraceptive technology and communicative sciences.

Literatur

1   Riphagen, F.E.; Lehert, P.: A survey of contraception in five European countries. J. biosoc. Sci. *21:* 23–46 (1988).
2   Kühne, F.; Höpflinger, F.: Familiengründung, Kinderwunsch und Geburtenregelung bei Schweizer Ehepaaren – Ergebnisse einer repräsentativen Umfrage. Gynäk. Rdsch. *23:* 77–87 (1983).
3   Anonym: Issues in contraceptive development. Population *1:* 1–16 (1985).
4   Westoff, C.F.; Jones, E.F.: Discontinuation rates of the pill and the IUD in the United States. Mount Sinai J. Med. *11:* 384–390 (1975).

5 Mosher, W.D.: Vital and health statistics; series 23. Data from the National Survey of Family Growth, No. 7 DHHS. Publication DPHS 81 (1983).
6 Bachrach, C.A.: Contraceptive practice among American women, 1973–1982. Fam. Plan. Perspect. *16:* 253–259 (1984).
7 Newton, J.: The requirements for the ideal contraceptive; in van Keep, Ellison Davis, de Wied, Contraception in the Year 2001 (Elsevier, Amsterdam 1987).
8 Grady, W.R.; Hirsch, M.B.; Keen, N.: Contraceptive failure and continuation among married women in the United States, 1970–1975. Stud. Fam. Plan. *14:* 9–21 (1983).
9 Ryder, N.B.: Contraceptive failure in the United States. Fam. Plan. Perspect. *5:* 133–142 (1973).
10 Luker, K.: Contraception risk taking and abortion: results and implications of a San Francisco Bay Area study. Stud. Fam. Plan. *8:* 190–196 (1977).
11 Crosbie, P.; Bite, D.: A test of Luker's theory of contraceptive risk taking. Stud. Fam. Plan. *13(3):* 67–77 (1982).
12 Foreit, K.G.; Foreit, J.R.: Correlates of contraceptives behaviour among unmarried U.S. college students. Stud. Fam. Plan. *9(6):* 169–174 (1978).
13 Rains, P.: Becoming an unwed mother (Aldine, Chicago 1971).
14 Bracken, M.B.; Hachomovitch, M.; Grossman, G.: Correlates of repeat induced abortion. Obstet. Gynec. N.Y. *40:* 816–825 (1972).
15 Rainwater, L.: Family design: marital sexuality, family size and family planning. (Aldine, Chicago 1975).
16 Johnson, T.J.; Sargent, C.F.; Wilson-Moore, M.E.: Contraception and decision making. Adv. Contracept. Deliv. Syst., vol. 1 (Excerpta Medica, Amsterdam 1985).
17 Reiss, I.L.; Banwart, A.; Foreman, H.: Premarital contraceptive usage: a study and some theoretical explorations. J. Marriage Family *37:* 619–630 (1975).
18 Springer-Kremser, M.: Emotionale Einflüsse auf die Kontrazeption; in Frick-Bruder, Platz, Psychosomatische Probleme in der Gynäkologie und Geburtshilfe (Springer, Berlin 1984).
19 Rogers, E.; Shoemaker, F.: Diffusion of innovations (The Free Press, New York 1971).
20 Rosario, F.Z.: The leader in family planning and the two step flow model. Journalism Quart. *48(2):* 288–303 (1976).
21 Porter, E.G.: Birth control discontinuance as a diffusion process. Stud. Fam. Plan. *15(1):* 20–29 (1984).
22 Rensellaer, H.C. van: The adoption of modern birth preventive techniques in the light of social control; in Jongmans, Claessen, The neglected factor. Family planning: perception and reaction at the base (Van Gorcum, Bruxelles 1974).
23 Basker, E.: Coping with fertility in Israel: a case study of culture clash. Cult. Med. Psychiat. *7(2):* 199–211 (1984).
24 Westoff, C.F.; Ryder, N.B.: Duration of use of oral contraception in the United States. Publ. Hlth Rep., Wash. *83:* 277–287 (1968).
25 Meylan, J.: La situation actuelle des méthodes de la contraception aux Etats Unies. Méd. Hyg., Genève *12:* 569–571 (1967).
26 Hammerstein, J.; Kuhl, H.: Hormonale Kontrazeption; in Schneider, Sexualmedizin, Infertilität, Familienplanung (Urban & Schwarzenberg, München 1989).

27 Mall-Häfeli, M.; Sarasin, C.: Das IUD, insbesondere das Multiload 250, als Kontrazeptivum bei Jugendlichen; in Semm, Schirren, Die intrauterine Kontrazeption. FDF, Vol. 10 (Grosse Verlag, Berlin 1982).
28 Mall-Häfeli, M.: Eine prospektive Langzeitstudie mit dem IUD Cu 250 (Multiload); in Semm, Schirren, Die intrauterine Kontrazeption. FDF, Vol. 10 (Grosse Verlag, Berlin 1982).
29 Hatcher, R.; Kowal, D.; Guest, F.; Trussel, J.; Stewart, F.; Stewart, G.K.; Bowen, S.; Cates, W.: Contraceptive technology. International Edition (Printed Matter, Atlanta 1989).
30 Stamm, H.; Kraus, J.: Pharmakotherapeutische Grundlagen der hormonellen Kontrazeption. Mod. Arzneim. Ther. *1(4):* 243–248 (1977).

Dr. J. Bitzer, Universitäts-Frauenklinik, Kantonsspital Basel, CH–4031 Basel (Schweiz)

Keller PJ (Hrsg): Aktuelle Aspekte der hormonalen Kontrazeption.
Basel, Karger, 1991, pp 33–45

Risikofaktoren der oralen hormonalen Kontrazeption in der Bundesrepublik (Heidelberger OC-Multicenter-Studie)
Epidemiologische Untersuchung

Thomas Rabe, Klaus Grunwald, Heike Thuro, Benno Runnebaum

Universitäts-Frauenklinik (Geschäftsführender ärztlicher Direktor:
Prof. G. Bastert); Abteilung für Gynäkologische Endokrinologie
(Ärztlicher Direktor: Prof. B. Runnebaum), Heidelberg, BRD

Einleitung

Kardiovaskuläre Todesfälle auch unter Einnahme niedrigdosierter Kombinations- und Dreiphasenpillen haben in der letzten Zeit zu einer Verunsicherung der Patientinnen geführt. Während bisher bekannt war, dass die höherdosierten, d.h. mehr als 50 µg Äthinylöstradiol enthaltenden, Präparate mit einem erhöhten kardiovaskulären Risiko verbunden sind, war man davon ausgegangen, dass dieses Risiko bei den sogenannten Mikropillen nahezu vernachlässigbar sei. Neue Befunde geben Hinweise, dass auch bei einer niedrigdosierten Pille mit einem gewissen Risiko zu rechnen ist. Aufgrund der Untersuchungen in England von Inman und Vessey [1] weiss man, dass die Häufigkeit venöser Thromboembolien mit dem Gehalt an Äthinylöstradiol korreliert (venöser Schenkel) und dass arterielle Komplikationen (z.B. Hypertonie) in direktem Zusammenhang mit der Gestagendosis stehen [2]. Dies hatte dazu geführt, dass in der Folgezeit sowohl die Östrogen- als auch die Gestagendosis der Pille erheblich gesenkt wurden. Unter der Mikropille soll aufgrund einer Zwischenauswertung einer zur Zeit noch laufenden englischen Studie [3] die Inzidenz kardiovaskulärer Todesfälle unter 5 auf 100 000 Frauenjahre liegen. Mit einer Dosierung von 20 bis 30 µg Äthinylöstradiol ist ein Grenzbereich erreicht, der bei gleichzeitiger Gestagengabe noch eine ausreichende Zykluskontrolle und kontrazeptive Sicherheit gewährleistet. Inwieweit bei diesen Kombinationen die positive protektive Wirkung gegenüber dem Endometrium- und Ovarialkarzinom noch bestehen bleibt, kann zur Zeit nicht beurteilt werden. Bei weiterer Senkung der Äthinylöstradioldosis ist trotz eines möglicherweise noch fortbestehenden kontrazeptiven Effekts aufgrund der Durchbruchsovulation durchaus denkbar, dass die protektive Wirkung im Hinblick auf das Ovarialkarzinom abnimmt oder entfällt.

Auch wenn die kardiovaskulären Risiken unter der Pille nur gering sind, erscheint im Hinblick auf die Vermeidung dieser unnötigen Risiken immer mehr notwendig, neben der Entwicklung neuer niedrigdosierter Produkte spezielle Bevölkerungsgruppen (Risikogruppen) zu charakterisieren, bei denen die Einnahme der Pille möglicherweise ein erhöhtes Risiko bedeutet. Mitte der 80er Jahre hatte man sich hauptsächlich auf Stoffwechselerkrankungen, d.h. auf den Lipidstoffwechsel und hierbei besonders auf die Wirkung oraler hormonaler Kontrazeptiva auf Cholesterin und Lipoproteine, konzentriert. Nach der Steroid-Konsensus-Konferenz in Esbjerg/Dänemark (1989) besteht heute ein noch grösseres Interesse an der wechselweisen Stoffwechselbeeinflussung der Blutfette, der Kohlenhydrate (vor allem des Insulins) und der Blutgerinnung unter Einnahme oraler hormonaler Kontrazeptiva.

Da wir davon ausgegangen sind, dass eine Familienanamnese wertvollen Aufschluss über das individuelle, möglicherweise vererbte Risiko der Patientin geben könnte, haben wir in einer breit angelegten epidemiologischen Untersuchung in der Bundesrepublik (Heidelberger OC-Multicenter-Studie) bei etwa 60 000 Frauen vor der Einnahme einer niedrigdosierten norgestimathaltigen Kombinationspille nach kardiovaskulären Erkrankungen der Eltern (z.B. Herzinfarkten, Thromboembolien, Schlaganfällen) sowie nach dem Diabetes-mellitus-Risiko in der Familie gefragt.

Heidelberger OC-Multicenter-Studie

Studienaufbau: In einer offenen Multicenter-Studie mit 1609 Gynäkologen in der Bundesrepublik (1987–1988) wurde bei 59 691 gesunden Frauen im reproduktionsfähigen Alter ein standardisiertes Interview durchgeführt, wobei Risikofaktoren in der Familienanamnese erhoben wurden. Weiter wurde bei einem Teil der Patientinnen (etwa 3000 = rund 7%) eine Lipidbestimmung im Serum (d.h. Cholesterin, Triglyzeride) und eine Serumglukosebestimmung (nüchtern) durchgeführt.

Labordiagnostik: Cholesterin und Triglyzeridbestimmung enzymatisch mit Test-Kits (CHODPAP-Methode bzw. GPO-Methode) der Firma Boehringer (Mannheim); Glukosebestimmungen enzymatisch mit dem Gluco-quant®-Test der Firma Boehringer (Mannheim).

Studienkollektiv: Im Mittel waren die Patientinnen 24 Jahre alt, 166 cm gross und 61 kg schwer (mittlerer Broca-Index 103%). 88% hatten einen regelmässigen Zyklus mit einer mittleren Dauer von 28 Tagen (Menarche im Mittel mit 12,9 Jahren). 32% hatten bereits Kinder geboren. 39% waren Raucherinnen (im Mittel 13 Zigaretten täglich) und 2% gaben einen Alkoholkonsum von mehr als 40 g/Tag an. Bei 4% wurden Erkrankungen angegeben. Am häufigsten wurden gynäkologische Erkrankungen und Stoffwechselstörungen genannt. Mehr als die Hälfte verneinte die Frage nach bisheriger Kontrazeption. Bei den Angaben zur hormonellen Kontrazeption wurde die Dreiphasenpille am häufigsten genannt. Zusätzlich zur Prüfsubstanz erhielten 2% eine Begleittherapie (am häufigsten wurden Schilddrüsentherapeutika angegeben). Nähere Angaben zum Studienkollektiv finden sich im Kapitel Grunwald et al. im vorliegenden Buch.

Ergebnisse

Im Rahmen einer Fragebogenaktion wurden die Patientinnen nach folgenden familiären Risiken bei beiden Elternteilen befragt: Kardiovaskuläres Risiko: Herzinfarkt, Schlaganfall, Diabetes mellitus (tablettenpflichtig, insulinpflichtig).

Bei einem Teil der Patientinnen (etwa 7%) wurden Cholesterin und Triglyzeride bestimmt.

Familienanamnese
Kardiovaskuläre Erkrankungen: Herzinfarkte traten häufiger beim Vater (4,6%) der Patientin auf als bei deren Mutter (0,7%); nur bei 0,2% bekamen beide Elternteile einen Herzinfarkt. Zerebrale Insulte waren ebenso beim Vater (0,8%) der Patientin häufiger als bei der Mutter (0,3%). Die Inzidenz von Krampfadern war bei der Mutter der Patientin höher (14,7%) als beim Vater (1,7%); die Inzidenz bei beiden Elternteilen lag bei 1,5% (Abb. 1, Tab. 1).

Diabetes mellitus: Ein juveniler Diabetes wurde bei 0,5% der Väter der Patientinnen angegeben, bei 0,4% der Mütter und zu 0,1% bei beiden Elternteilen. Ein Altersdiabetes trat häufiger auf und betraf zu 1,8% die Väter, zu 2,4% die Mütter und zu 0,1% beide Elternteile. Orale Antidiabetika wurden von 1,2% der Väter, 1,4% der Mütter und 0,1% von beiden Eltern verwendet. Ein insulinabhängiger Diabetes mellitus fand sich bei 0,5% der Väter und 0,4% beider Elternteile (Abb. 2, Tab. 2).

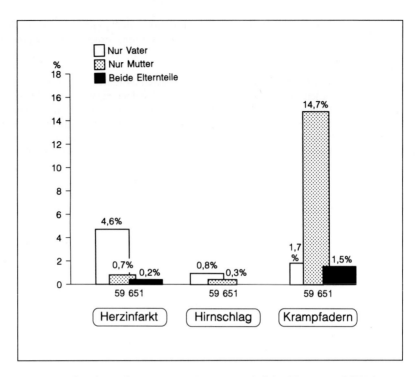

Abb. 1. Häufigkeit kardiovaskulärer Erkrankungen bei den Eltern von OC-Nehmern in der Bundesrepublik (n = 59 691).

Tabelle 1. Herz-Kreislauf-Erkrankungen in der Familie

Erkrankung	Vater	Mutter	Personen insgesamt[1]	
			n	%
Herzinfarkt	2860 (85%)	499 (15%)	3 359	5,6
Hirnschlag	529 (68%)	247 (32%)	776	1,3
Krampfadern	1914 (17%)	9657 (83%)	11 571	19,4

[1] Prozentangabe bezogen auf das Gesamtkollektiv (n = 59 701).

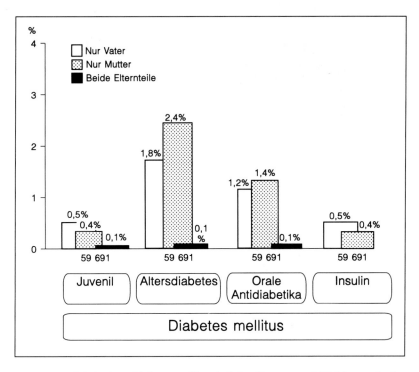

Abb. 2. Häufigkeit eines Diabetes mellitus bei den Eltern von OC-Nehmern in der Bundesrepublik (n = 59 691).

Tabelle 2. Diabetes mellitus in der Familie

	Vater	Mutter	Personen insgesamt[1]	
			n	%
Erkrankung				
Juveniler Diabetes	314 (53%)	275 (47%)	589	1,0
Altersdiabetes	1131 (43%)	1501 (57%)	2632	4,4
Behandlung				
Tablettenbehandlung	804 (47%)	891 (53%)	1695	2,8
Insulintherapie	314 (56%)	242 (44%)	556	0,9

[1] Prozentangabe bezogen auf das Gesamtkollektiv (n = 59 701).

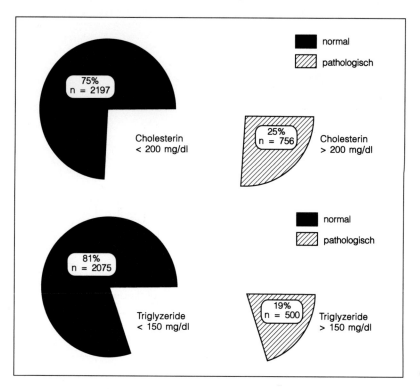

Abb. 3. Serumcholesterin (n = 2953) und -triglyzeride (n = 2575) vor OC-Einnahme.

Laboruntersuchungen

In einem Teil des Gesamtkollektivs (7%) wurden Cholesterin-, Triglyzerid- und Blutzuckerbestimmungen zu Beginn und Ende der Prüfbehandlung durchgeführt.

Blutfette

Cholesterin: Unter Zugrundelegung eines Normbereichs bis 200 mg/100 ml lagen vor Behandlungsbeginn 756 Patientinnen (19%) von insgesamt 2943 mit ihrer Cholesterinkonzentration über 200 mg/100 ml (Abb. 3).

Triglyzeride: 500 (19,4%) der insgesamt 2575 Patientinnen wiesen vor Einnahme der Pille eine Triglyzeridkonzentration von mehr als 150 mg/100 ml (Abb. 3) auf.

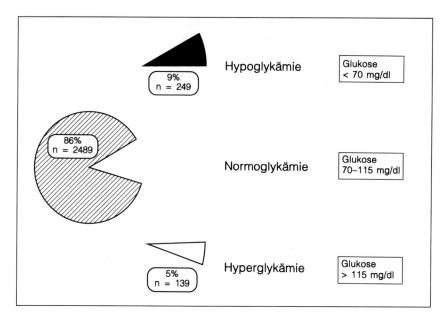

Abb. 4. Nüchternblutzuckerkonzentration im Serum vor OC-Einnahme (n = 2621).

Nüchternblutzucker

Von 2877 Patientinnen lag der Nüchternblutzucker bei 139 (4,8%) über 150 mg/100 ml. 2489 Patientinnen hatten normale Nüchternblutzuckerwerte zwischen 70 und 115 mg/100 ml. Bei 249 Patientinnen (8,6%) lag eine Hypoglykämie mit Blutzuckerwerten unter 70 mg/100 ml vor (Abb. 4).

Diskussion

Orale hormonale Kontrazeptiva sind seit mehr als 25 Jahren verfügbar. Seit Mitte der 70er Jahre wurde ein Zusammenhang zwischen der Östrogen- und Gestagendosis und dem Auftreten bestimmter Nebenwirkungen beobachtet. Dies führte zur Entwicklung niedrigdosierter Präparate. Weltweit konzentriert sich die Forschung heute auf die Entwicklung neuer selektiver Gestagene, die in ihrer Wirkung dem natürlichen Progesteron nahekommen, aber trotzdem eine starke antiovulatorische Potenz besitzen. Eines dieser modernen Gestagene ist das Norgestimat.

Bisher war bekannt, dass höherdosierte, d.h. mehr als 50 µg Äthinylöstradiol enthaltende Präparate mit einem erhöhten kardiovaskulären Risiko verbunden sind. Man war jedoch davon ausgegangen, dass dieses Risiko bei den sogenannten Mikropillen nahezu vernachlässigbar sei. Dies scheint jedoch nicht der Fall zu sein, wie kardiovaskuläre Todesfälle unter Einnahme niedrigdosierter Kombinations- und Dreiphasenpillen in der letzten Zeit gezeigt haben, so dass auch bei einer relativ niedrigdosierten Pille mit einem gewissen Risiko zu rechnen ist. Aufgrund der Untersuchungen in England von Inman und Vessey [1] weiss man, dass die Häufigkeit venöser Thromboembolien mit dem Gehalt an Äthinylöstradiol korreliert (venöser Schenkel) und dass arterielle Komplikationen (z.B. Hypertonie) in direktem Zusammenhang mit der Gestagendosis stehen [2]. Jüngste Untersuchungen aus England [3] deuten darauf hin, dass unter Einnahme von Mikropillen das Risiko kardiovaskulärer Todefälle unter 5 auf 100 000 Frauenjahre liegt. Insoweit ist das Herzinfarktrisiko, auf das im folgenden eingegangen wird, sicherlich ein seltenes Ereignis. Die Bedeutung zerebraler Insulte und Thromboembolien muss gesondert betrachtet werden.

Diese grossangelegte, multizentrisch durchgeführte epidemiologische Untersuchung über das kardiovaskuläre Risiko sowie die Inzidenz von Diabetes mellitus in der Familienanamnese ergab, dass die Inzidenz beider Erkrankungen in Deutschland bei den Eltern der Patientin zwischen 1 und 5% liegt.

Für das genetische Risiko kardiovaskulärer Erkrankungen gibt es zahlreiche Hinweise: Die Blutzuckererkrankung, die Vererbung von Bluthochdruck [4], die genetische Vorbelastung hinsichtlich Venenerkrankungen, die Vererbung bestimmter Formen von Fettstoffwechselstörungen (z.B. Hyperlipidämie) [5, 6] und von Gerinnungsstörungen (z.B. Protein-C- und Protein-S-Mangel), die mit einem erhöhten Thromboserisiko einhergehen. Auch im Hinblick auf das Herzinfarktrisiko wird auf die genetische Komponente hingewiesen. Einzelne Studien zu den angesprochenen Punkten sollen im folgenden dargestellt werden.

Besonders die pathophysiologische Auswirkung erhöhter Insulinkonzentrationen gewinnt immer grössere Bedeutung im Hinblick auf das kardiovaskuläre Risiko [7]. Da der Diabetes mellitus zum Teil genetisch determiniert ist, gibt die Familienanamnese wertvolle Hinweise auf ein mögliches Erkrankungsrisiko.

Die Inzidenz von Fettstoffwechselstörungen bei etwa 3000 Patientinnen (7%) der Gesamtstudie mit basal erhöhten Cholesterinwerten über

200 mg/100 ml bei 756 von 2943 Patientinnen (25,7%) und basal erhöhten Triglyzeridwerten über 150 mg/100 ml bei 500 von 2575 Patientinnen (19,4%) erscheint gerade bei den jungen Frauen (50% der Gesamtgruppe unter 22 Jahre) erschreckend hoch. Inwieweit hier Abnahmefehler, falsche Ausgangsbedingungen (z.B. Patientin nicht nüchtern usw.) oder unterschiedliche Labormethoden eine Rolle spielen, kann nicht beurteilt werden. Die Veränderung der Blutfette unter Einnahme einer norgestimathaltigen Kombinationspille (Cilest) wird in einer gesonderten Publikation behandelt.

Hinsichtlich der Blutgerinnung weiss man, dass bestimmte angeborene Störungen, z.B. der Protein-C-Mangel (meist heterozygot, 80% sterben an Thromboembolien bis zum 40. Lebensjahr) und der Protein-S-Mangel mit einer angeborenen Häufigkeit von 1:500 bis 1:1000 sowie der Antithrombin-III-Mangel mit einer Häufigkeit von 1:2000 bis 1:5000 ein erhebliches Risiko bei der Einnahme oraler hormonaler Kontrazeptiva darstellen. Da beide Erkrankungen bisher noch nicht in erwünschtem Masse durch eine Routineuntersuchung (Screening) erkannt werden können, spielt die Anamneseerhebung eine wichtige Rolle. In diesem Zusammenhang berichteten Petersen et al. [8] über die Untersuchung einer holländischen Familie (n = 24) mit hereditärem Protein-S-Mangel. 4 Familienmitglieder hatten bereits thromboembolische Komplikationen. 3 dieser 4 hatten Protein-S-Konzentrationen unterhalb des Normbereichs; ein heterozygoter Protein-S-Mangel wurde angenommen. Weitere 10 hatten einen heterozygoten Protein-S-Mangel ohne klinische Manifestation. 7 von diesen 10 waren jedoch jünger als 15 Jahre, und es wäre ungewöhnlich für Heterozygote mit Protein-S-Mangel, eine Thrombose bei diesem jugendlichen Alter zu bekommen, obgleich dies in der Literatur in Einzelfällen beschrieben wurde. Kemkes-Matthes [9] untersuchte eine Familie mit 16 Mitgliedern hinsichtlich der Inzidenz eines Protein-C-Mangels. Bei Patienten mit einem heterozygoten Protein-C-Mangel sind thromboembolische Komplikationen in der Kindheit selten und auch bei Erwachsenen nicht obligatorisch. Diese Patienten sollten daher nicht obligatorisch mit oralen Antikoagulantien behandelt werden, ohne dass thromboembolische Komplikationen bereits aufgetreten wären oder sich abgezeichnet hätten. Von den beschriebenen 16 Familienmitgliedern hatten nur 2 thromboembolische Erkrankungen.

Der Myokardinfarkt ist – zusammen mit dem plötzlichen kardialen Tod und der Angina pectoris – eine der drei Manifestationen der koronaren Herzerkrankung. Üblicherweise tritt der Myokardinfarkt bei Männern im mittleren Lebensabschnitt auf, obgleich epidemiologische oder pathologische Befunde dafür sprechen, dass nur 3–6% aller Infarkte unter dem 40. Lebensjahr auftreten [10]. Bei Frauen sind Myokardinfarkte bis zur Menopause ein äusserst seltenes Ereignis; nach den Wechseljahren steigt aufgrund der durch Östrogenmangel bedingten Lipidveränderungen das Risiko sprunghaft an.

Während bei jungen Männern der Hauptrisikofaktor das Rauchen ist, scheint es bei Frauen die Kombination von Rauchen und oralen Kontrazeptiva zu sein [10]. Die niedrige Häufigkeit von Risikofaktoren bei jüngeren Patientinnen lässt vermuten, dass andere Mechanismen als die Atherosklerose eine wichtige Rolle bei der Entwicklung der Koronarstenose spielen. Zu diesen Mechanismen zählen die Thrombose, der Koronarspasmus oder eine Kombination von beiden [10].

Bei einer finnischen Studie [11] mit 309 Männern, von denen 203 einen tödlichen bzw. nichttödlichen Myokardinfarkt hatten, sowie bei 106 gesunden Kontrollen unter 56 Jahren ergab sich, dass Hochdruck und Hyperlipidämie, aber keiner der anderen untersuchten Risikofaktoren gehäuft auftraten. Je jünger die Patienten zum Zeitpunkt der Diagnose des ersten Herzinfarkts waren, desto häufiger war eine koronare Herzerkrankung auch bei den Eltern und/oder Geschwistern zu verzeichnen. Dabei waren die familiäre Hyperlipidämie und der Hochdruck die wichtigsten Risikofaktoren für die Entwicklung einer koronaren Herzerkrankung im jugendlichen Alter. Die Autoren glauben, dass man das Risiko einer vorzeitigen koronaren Herzerkrankung bei Hochrisikopatienten aufgrund der Informationen aus der Familienanamnese senken kann, wenn die Patienten rechtzeitig erkannt und hinsichtlich korrigierbarer Risikofaktoren behandelt werden.

Für angeborene Störungen im Blutgerinnungssystem bei Herzinfarktpatienten sprechen die Untersuchungen von Hampton und Gorlin [12]. Diese Autoren fanden in einer Gruppe von 34 Patienten mit klinischen, biochemischen und elektrokardiographischen Kriterien eines Myokardinfarkts bei 33 Patienten Thrombozyten, die pathologisch auf Adenosindiphosphat reagieren. Von 29 Verwandten von jungen Männern mit arteriellen Gefässerkrankungen reagierten bei 17 die Thrombozyten pathologisch auf Adenosindiphosphat. Bei einer Kontrollgruppe mit 107 Patienten aus anderen Studien zeigten nur 3 Fälle eine entsprechende pathologische Thrombozytenreaktion.

Auf die Bedeutung der Familienanamnese bei kardiovaskulären Erkrankungen weisen zahlreiche Studien hin. Nach Engel et al. [13] sind die fünf wichtigsten Risikofaktoren für die koronare Herzerkrankung bei Frauen die belastete Familienanamnese (koronare Herzerkrankung, Hochdruck und Diabetes), Hochdruck, Hyperlipidämie, Glukoseintoleranz und Zigarettenrauchen. In diesem Zusammenhang untersuchten Engel et al. [13] 21 junge Frauen mit fortgeschrittener Koronarsklerose und fanden, dass familiäre Belastung durch Myokardinfarkt, Hochdruck und Diabetes mellitus die wichtigsten Risikofaktoren darstellen. Diese familiäre Risikobelastung wurde bei 95% der Patientinnen gefunden. Myokardinfarkte bei Eltern oder Geschwistern liessen sich anamnestisch bei 17 von 21 der untersuchten Patientinnen nachweisen. Diese Inzidenz berücksichtigt nicht die der Erkrankung zugrundeliegenden Stoffwechselveränderungen bzw. funktionellen Störungen, die möglicherweise mit noch grösserer Häufigkeit vorkommen, klinisch aber nicht erfasst werden können.

Hinsichtlich unserer Erhebungen bezüglich Familienanamnese und kardiovaskulärer Komplikationen muss betont werden, dass diese Analyse noch fortgesetzt wird. Insbesondere soll das Alter der Eltern der jeweiligen Patientin beim Auftreten der kardiovaskulären Erkrankungen noch analysiert werden, da z.B. ein juveniler Diabetes mellitus ein anderes Gewicht hat als ein Altersdiabetes, ebenso wie Herzinfarkte vor der Menopause oder danach. Aufgrund der hier vorgelegten Daten sind wir der Ansicht, dass die Inzidenz eines möglicherweise schon bei den Eltern bestehenden Risikos für kardiovaskuläre Erkrankungen Bedeutung haben kann für die Behandlung von jungen gesunden Frauen mit oralen hormonalen Kontrazeptiva. Bei Frauen mit einem genetischen Risiko sollte vor allem verstärkt auf mögliche Komplikationen des kardiovaskulären Systems sowie auf eine regelmässige Kontrolle des Blutzuckers (bei Diabetes-mellitus-Anamnese) geachtet werden. Zur Zeit stehen allerdings immer noch die anderen Risikofaktoren, wie Rauchen (wichtigster Risikofaktor), Alter, Übergewicht, Immobilisation, Hyperlipidämie, Hypertonie und Diabetes mellitus, bei der Patientin selbst im Vordergrund.

Im Hinblick auf die Beeinflussung des Fettstoffwechsels durch die Pille empfehlen wir die Bestimmung von Gesamtcholesterin und Triglyzeriden entweder vor der Einnahme oder unter Einnahme der Pille. Selbst bei schweren Fettstoffwechselstörungen (z.B. Hypercholesterinämie Typ IIa) ist der klinische Befund (z.B. das Gewicht) der betroffenen Patientin in einem Teil der Fälle (z.B. bei der erwähnten Hypercholesterinämie Typ IIa bei 50% der Fälle) unauffällig. Im Hinblick auf den Fettstoffwechsel kann die Pille als Stoffwechselprovokationstest angesehen werden. Bei normalen Blutfetten unter Anwendung der Pille ist eine weitere Einnahme möglich; Kontrollen nach 2 Jahren erscheinen angezeigt. Bei pathologischen Werten vor der Einnahme und unter Einnahme der Pille sollte der Fettstoffwechsel weiter abgeklärt werden.

Durch die rechtzeitige Erkennung von Risikokonstellationen und die entsprechenden therapeutischen Konsequenzen hoffen wir, das individuelle Risiko unter Anwendung von oralen hormonalen Kontrazeptiva so niedrig wie möglich zu halten. Trotzdem werden sich in Einzelfällen auch ernste Komplikationen nie ganz vermeiden lassen.

Zusammenfassung

Im Rahmen der epidemiologischen Untersuchung wurden an 59 701 Frauen von 1609 Prüfärzten im Zeitraum von September 1986 bis September 1987 Fragebögen über die Familienanamnese verteilt. Herzinfarkte traten beim Vater der Patientin häufiger auf (4,6%) als bei deren Mutter (0,7%); nur in 0,2% bekamen beide Elternteile einen Herzinfarkt. Zerebrale Insulte waren ebenso häufiger beim Vater der Patientin (0,8%) als bei deren Mutter (0,3%). Die Inzidenz von Krampfadern war bei der Mutter der Patientin höher (14,7%) als bei deren Vater (1,7%); die Inzidenz bei beiden Elternteilen 1,5%. Ein juveniler Diabetes wurde bei 0,5% der Väter der Patientin angegeben, bei 0,4% der Mütter und bei 0,1% bei beiden Elternteilen. Ein Altersdiabetes trat häufiger auf und betraf 1,8% der Väter, 2,4% der Mütter und in 0,1% beide Eltern. Orale Antidiabetika wurden bei 1,2% der Väter, 1,4% der Mütter und in 0,1% bei beiden Eltern verwendet. Ein insulinabhängiger Diabetes mellitus fand sich in 0,5% der Väter und 0,4% beider Elternteile.

Die Familienanamnese (hinsichtlich kardiovaskulärer Erkrankungen oder Diabetes mellitus) sollte als Bestandteil der Risikoanamnese in der Familienplanungssprechstunde berücksichtigt werden, bevor orale Kontrazeptiva verschrieben werden.

Summary

In this epidemiological study in West Germany (9/86–9/87), 1,609 gynecologists recruited 59,701 patients who were asked to fill out questionnaires on their history and family history in view of cardiovascular diseases. Myocardial infarction was more frequent in the patients' fathers (4.6%) than in their mothers (0.7%); in only 0.2% did both parents suffer from a myocardiol infarction. Cerebrovascular insults were also more frequent in the patients' fathers (0.8%) than in their mothers (0.3%). The incidence of varicose veins was higher in the patients' mothers (14.7%) than in their fathers (1.7%); the incidence for varicosis in both parents was 1.5%. Juvenile diabetes mellitus was found by 0.5% of the patients' fathers versus 0.4% of their mothers, and in 0.1%, both parents suffered from the disease. Late-onset diabetes mellitus was more frequent overall, and concerned in 1.8% the fathers, in 2.4% the mothers, and in 0.1% both parents. Oral antidiabetics were used by 1.2% of the fathers, 1.4% of the mothers and in 0.1% by both parents. Insulin-dependent diabetes mellitus was found in 0.5% of the fathers and in 0.4% in both parents. A family history of cardiovascular diseases and diabetes mellitus should be part of a risk analysis in family planning programs before prescription of oral contraceptives.

Literatur

1 Inman WHW, Vessey MP: Investitions of death from pulmonary, coronary, and cerebral thrombosis and embolism in women in childbearing age. Br Med J 1968;ii: 193-199.
2 Royal College of General Practitioners: Oral Contraception and Health; an Interim Report from the Oral Contraception Study of the Royal College of General Practitioners. New York, Pitnam, 1974, p 71.
3 Vessey MP: Pressekonferenz, Kontrazeptionskongress, Heidelberg, 1990.
4 Matthews KA, Manuck SB, Stoney CM, Rakaczky CJ, McCann BS, Saab PG, Woodall KL, Block DR, Visintainer PF, Engebretson TO: Familial aggregation of blood pressure and heart rate responses during behavioral stress. Psychosom Med 1988;50:341-352.
5 Rabe T, Grunwald K, Runnebaum B, Einfluss oraler hormonaler Kontrazeptive auf den Lipidstoffwechsel. I. Lipidstoffwechsel, Cholesterin und Triglyzeride. Fertilität 1988;4:35-51.
6 Rabe T, Grunwald K, Runnebaum B: Einfluss oraler hormonaler Kontrazeptive auf den Lipidstoffwechsel. II. Lipoproteine und Apolipoproteine. Fertilität 1989;5:80-91.
7 Rabe T, Grunwald K, Runnebaum B: Pille und Kohlenhydratstoffwechsel. Fertilität 1988;4:97-111.
8 Petersen EJ, Allaart RG, Meuwissen OJ: A Dutch family with hereditary protein S deficiency. Neth J Med 1989;34:243-250.
9 Kemkes-Matthes B: Heterozygous protein C deficiency type I. Blut 1989;58:201-206.
10 Gohlke H, Stürzenhofecker P, Thilo A, Droste C, Görnandt L, Roskamm H: Coronary angiographic findings and risk factors in postinfarction patients under the age of 40; in Roskamm H (ed): Myocardial Infarction at Young Age. Berlin, Springer, 1981, p 61-77.
11 Rissanen AM: Familial occurrence of coronary heart disease: Effect of age at diagnosis. Am J Cardiol 1979;44:60-66.
12 Hampton JR, Gorlin R: Platelet studies in patients with coronary artery disease and in their relatives. Br Heart J 1972;34:465-471.
13 Engel HJ, Page HL, Campbell WB: Coronary artery disease in young women. JAMA 1974;230:1531-1534.

PD Dr. Thomas Rabe, Universitäts-Frauenklinik Heidelberg, Abteilung für gynäkologische Endokrinologie, Vossstrasse 9, D-W-6900 Heidelberg (BRD)

Erfahrungen mit einer norgestimathaltigen Mikropille

Keller PJ (Hrsg): Aktuelle Aspekte der hormonalen Kontrazeption.
Basel, Karger, 1991, pp 46–54

Endokrines Profil von Norgestimat

D.W. Hahn, A. Phillips, J.L. McGuire

R.W. Johnson Pharmaceutical Research Institute, Raritan, N.J., USA

Einführung

Die kontrazeptive Sicherheit der oralen Ovulationshemmer wird heute allgemein anerkannt [1]. Indes hat das Auftreten unerwünschter Nebenwirkungen Ärzte und Patientinnen seit der Einführung der Pille beunruhigt. Historisch gesehen, ist man dem erhöhten Risiko eines thromboembolischen Geschehens (bedingt durch den hohen Östrogenanteil) mit einer Reduktion der Östrogenkomponente erfolgreich begegnet [2, 3].

Als die klinische Erfahrung zeigte, dass eine Tagesdosis von 35 µg Äthinylöstradiol die Ovulation effektiv hemmt [4], wurde eine Weiterentwicklung der Östrogenkomponente oraler Antikonzeptiva zurückgestellt. Die Aufmerksamkeit der pharmakologischen Forschung richtete sich vorwiegend auf die Gestagenkomponente. Die Reduktion des Gestagenanteils führte jedoch zu einer verschlechterten Akzeptanz bei den Patientinnen, weil dabei vermehrt Durchbruch- und Schmierblutungen beobachtet wurden [5, 6]. Die in den letzten 10 Jahren veröffentlichten epidemiologischen Studien weisen auf einen potentiellen Zusammenhang zwischen androgeninduzierter Veränderung des Lipidstoffwechsels und erhöhtem Risiko einer koronaren Herzkrankheit hin [7–9].

Auch wenn es noch Jahre dauern wird, bis der epidemiologisch schlüssige Beweis für dieses erhöhte Risiko erbracht ist, wäre es wünschenswert, die potentiell negative Wirkung oraler Kontrazeptiva auf den Lipidstoffwechsel durch Gestagene mit einer geringen oder keiner androgenen Aktivität zu reduzieren. Entsprechend konzentrierte sich die Forschung auf die Entwicklung eines Gestagens mit erhöhter Selektivität. Diese Verbindung sollte die gestagene Aktivität beibehalten und gleichzeitig einen reduzier-

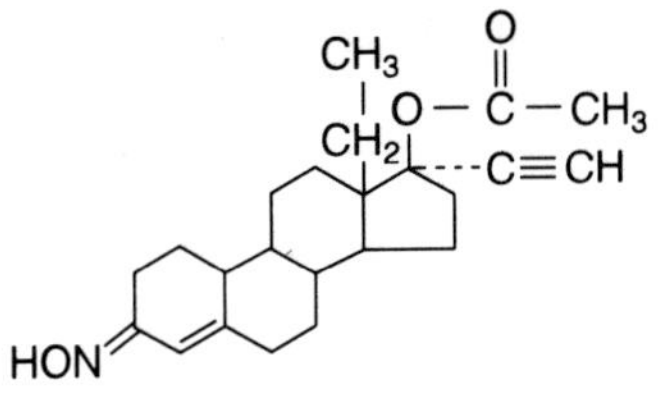

Abb. 1. Struktur von Norgestimat.

ten androgenen Effekt aufweisen, was die unerwünschten Nebenwirkungen vermindern würde.

Resultat dieser Forschung ist die Entwicklung von Norgestimat, einem Gestagen mit einer Oximgruppe in Stellung 3 (Abb. 1). Das pharmakologische Profil dieses neuen selektiven Gestagens soll als Ergebnis vorklinischer Studien dargestellt werden.

Gestagene Aktivität

Die gestagene Aktivität von Norgestimat ist mittels In-vitro- und In-vivo-Methoden untersucht worden. Es wurde die In-vitro-Bindungsaffinität von Norgestimat an Progesteronrezeptoren im Zytosol des Kaninchenuterus bestimmt und mit jener anderer Gestagene, wie sie in Antikonzeptivakombinationen gebräuchlich sind, verglichen [10]. Die relative Bindungsaffinität (RBA) jedes Steroids wird als Verhältnis der IC_{50} von Progesteron (jene Progesteronkonzentration, welche der 50%igen Hemmung der gesamten ^{3}H-R5020-Bindung entspricht) zur IC_{50} des Testgestagens angegeben. Wie aus Tabelle 1 ersichtlich, ist die RBA von Norgestimat ähnlich jener von Progesteron, während die RBA von Levonorgestrel annähernd der 5fachen von Progesteron entspricht. Die RBA von 3-Keto-Desogestrel und jene von Gestoden kommen ungefähr der 9fachen RBA von Progesteron gleich. Die Stabilität von Norgestimat in diesen in vitro durchgeführten Hochdruckflüssigchromatographieuntersuchungen zeigte, dass die gemessene Affinität dem unveränderten Norgestimat – und nicht einem Norgestimatmetaboliten – entspricht.

In routinemässig durchgeführten Bioassays weist Norgestimat eine charakteristische gestagene Aktivität auf. Verabreicht man immaturen östrogenbehandelten Kaninchen Norgestimat oral oder subkutan, so sti-

Tabelle 1. Relative Bindungsaffinität (RBA) und Selektivitätsverhältnis (A/P) für Progesteronrezeptoren des Kaninchenuterus und für Androgenrezeptoren im Zytosol der Rattenprostata [5]

	Progesteron (P)		Androgen (A)		A/P IC_{50}
	IC_{50}, nM	RBA	IC_{50}, nM	RBA	
Norgestimat	3,48	1,24	764	0,003	219
Progesteron	4,33	1,00	401	0,005	93
3-Keto-Desogestrel	0,51	8,49	17	0,118	33
Gestoden	0,47	9,21	13	0,154	28
Levonorgestrel	0,80	5,41	9	0,220	11
Dihydrotestosteron	127,15	0,03	3	1,000	0,02

muliert letzeres das Endometrium entsprechend um das 0,24- und 0,35fache im Vergleich zu Levonorgestrel (Abb. 2) [11]. Auch das direkt ins Uteruslumen injizierte Norgestimat stimuliert das Kaninchenendometrium und ist in dieser Hinsicht gleich wirksam wie Levonorgestrel [10]. Diese Studien beweisen, dass Norgestimat am Zielorgan direkt wirkt und keinem First-pass-Effekt unterworfen ist. In einem anderen Versuch zum Nachweis der gestagenen Aktivität von Norgestimat konnte gezeigt werden, dass diese Substanz 1,6mal wirksamer ist als Levonorgestrel in der Fähigkeit, bei ovarektomierten Ratten eine Schwangerschaft aufrechtzuerhalten.

Antiovulatorische Wirkung

Einer der kontrazeptiven Mechanismen von Gestagenen ist die Hemmung der präovulatorischen Ausschüttung von luteinisierendem Hormon (LH) aus der Hypophyse. Eine direkte Wirkung von Norgestimat auf die Hypophyse konnte in einem Versuch mit Hypophysenzellkulturen der Ratte gezeigt werden: Norgestimat supprimiert die LHRH-vermittelte Ausschüttung des LH [12].

Eine Norgestimateinmaldosis, 18–24 h vor der Kopulation verabreicht, hemmt die kopulationsinduzierte Ovulation bei Kaninchen [11]. In diesem Versuch hat Norgestimat die 0,36fache Wirkung bei oraler Applikation bzw. die 0,53fache Wirkung bei intramuskulärer Gabe verglichen mit jener von Levonorgestrel. Bei Ratten, die oral Norgestimat erhielten

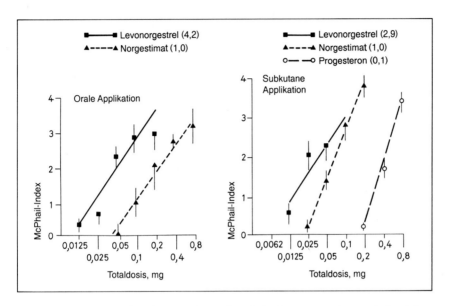

Abb. 2. Gestagenstimuliertes Endometrium beim immaturen östrogenbehandelten Kaninchen [6].

(1 mg/kg), wurden die Serum-LH-Konzentrationen und die Ovulationsraten der Diöstrus- und Proöstrusphasen jeweils am Morgen bestimmt. Norgestimat supprimiert den Proöstrus-LH-Anstieg und demzufolge die Ovulation bei diesen Ratten vollständig (Abb. 3). Ähnliche Bioassays haben gezeigt, dass Norgestimat auch bei Mäusen und Hamstern die Ovulation hemmt [13].

Östrogene und antiöstrogene Aktivität

Norgestimat weist eine vernachlässigbare Affinität für Östrogenrezeptoren auf. Die relative Bindungsaffinität von Norgestimat oder Levonorgestrel für Östrogenrezeptoren des Kaninchenuterus beträgt in vitro nur das 0,003fache von 17β-Östradiol (Tab. 2). Ebenso wenig zeigt Norgestimat eine östrogene Aktivität in vivo: Bei ovarektomierten Ratten stimuliert es keine Verhornung des Vaginalepithels (Tab. 3).

Die Östrogensuppression durch Gestagene stellt einen wichtigen Schritt in der Ovulationshemmung dar. Norgestimat hemmt oral und sub-

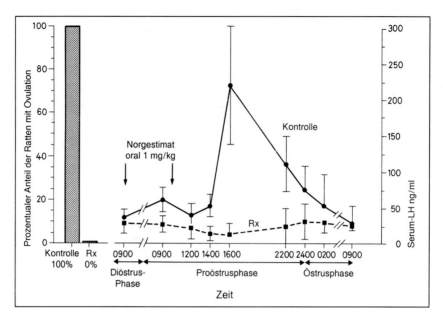

Abb. 3. Norgestimatbedingte Suppression des Proöstrus-LH-Anstiegs und Ovulation bei Ratten.

kutan wie andere Gestagene die östrogene Aktivität. Oral verabreichte Mengen von 0,0625, 0,125 und 0,25 mg/kg/Tag hemmen die östrogeninduzierte Verhornung des Vaginalepithels bei ovarektomierten Ratten entsprechend um 20, 30 und 90%.

Androgene Aktivität

Die androgene Aktivität, welche einige Gestagene aufweisen, hat keinen Effekt auf die kontrazeptive Wirkung und gilt aufgrund der Eigenschaft, androgeninduzierte Nebenwirkungen auszuüben, als ungünstig. Die RBA von Norgestimat und anderen Gestagenen für den Androgenrezeptor der Rattenprostata wurden mit jener von Dihydrotestosteron (DHT) als Standard verglichen [14]. Ergebnis dieser Studie war, dass die RBA von Norgestimat für Androgenrezeptoren nicht grösser ist als jene von Progesteron. Die RBA von Norgestimat und Progesteron betragen das 0,003- bzw. 0,005fache der DHT-Bindungsaffinität, während jene von 3-

Tabelle 2. Relative Bindungsaffinität (RBA) für Östrogenrezeptoren des Kaninchenuterus

Steroid	IC$_{50}$, nM	RBA
17β-Östradiol	2,5	1,000
Norgestimat	810	0,003
Levonorgestrel	975	0,003
Progesteron	1341	0,002

Tabelle 3. Norgestimatwirkung auf die Verhornung des Vaginalepithels bei ovarektomierten Ratten

	Dosis mg/kg	n	Prozentualer Anteil der Ratten mit positiver Reaktion
Kontrolle	0	10	0
Östron	0,015	10	100
Norgestimat	25	10	0

Keto-Desogestrel, Gestoden und Levonorgestrel das 0,118-, 0,154- und 0,220fache der DHT-Bindungsaffinität aufweisen (Tab. 1). Diese Ergebnisse zusammen mit den Daten der Progesteronrezeptorbindung sind besonders wichtig. Sie zeigen eine weitaus grössere Konzentrationsdifferenz von Norgestimat verglichen mit anderen getesteten Gestagenen bezüglich deren Bindung an Progesteron- und Androgenrezeptoren. Diese Differenz, aufgezeigt am Androgen/Progesteron-Selektivitätsverhältnis in Tabelle 1 beweist die grössere Selektivität von Norgestimat.

Zusätzlich zur Bindung an Androgenrezeptoren und der daraus resultierenden direkten androgenen Wirkung kann ein Gestagen auch auf indirekte Weise einen androgenen Effekt ausüben, indem es sich an Sexhormonbindungsglobulin (SHBG) bindet. Dadurch wird Testosteron von seiner Bindungsstelle an diesem im Serum zirkulierenden Trägerprotein verdrängt, was einen Anstieg der Serumkonzentration von freiem aktivem Testosteron zur Folge hat.

Die geringe androgene Wirkung von Norgestimat zeigt sich auch in dessen praktisch fehlender Affinität für das SHBG. Bei Konzentrationen

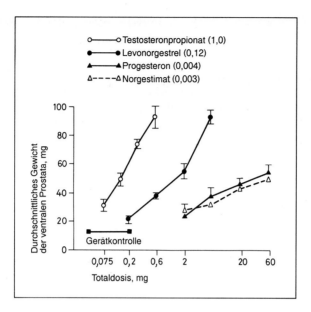

Abb. 4. Norgestimatwirkung auf das Prostatawachstum bei immaturen Ratten [6].

bis zu 10000 nM verdrängt es in vitro ^{3}H-Testosteron nicht signifikant vom humanen SHBG, während Gestoden, Levonorgestrel und 3-Keto-Desogestrel dies bei den entsprechenden IC$_{50}$-Konzentrationen von 23,1, 53,4 und 91,0 nM tun [14].

Die reduzierte androgene Wirkung von Norgestimat zeigt sich des weiteren in einem routinemässig durchgeführten Bioassay an immaturen kastrierten Ratten. Norgestimat stimuliert in diesem Versuch das Wachstum der ventralen Prostata nicht stärker als Progesteron und lediglich um einen Faktor 0,003 verglichen mit Testosteron [11] (Abb. 4). Zum Vergleich: Levonorgestrel zeigt in diesem Versuch eine 0,12fach stärkere androgene Wirkung als Testosteron.

Schlussfolgerungen

Es wurden umfassende vorklinische In-vitro- und In-vivo-Studien durchgeführt, die das pharmakologische Profil von Norgestimat charakterisieren. Bei dieser Substanz handelt es sich um ein neues Gestagen, das in

Kombination mit Äthinylöstradiol als orales Antikonzeptivum angewendet wird. Die Ergebnisse dieser Studien zeigen, dass es sich bei Norgestimat um ein selektives Gestagen mit direkter gestagener und minimaler oder keiner androgenen Wirkung handelt. Es darf angenommen werden, dass diese Selektivität eine Verringerung der androgeninduzierten Nebenwirkungen bei Frauen zur Folge hat, die Norgestimat in Kombination mit Äthinylöstradiol als orales Antikonzeptivum verwenden.

Zusammenfassung

Das pharmakologische Profil von Norgestimat, einem neuen Gestagen, entwickelt als orales Konztrazeptivum in Kombination mit Äthinylöstradiol, wurde mittels In-vivo- und In-vitro-Methoden untersucht. Norgestimat hat charakteristische gestagene Eigenschaften, wie aus In-vitro-Untersuchungen über die Bindungsaffinität von Norgestimat an Progesteronrezeptoren des Kaninchenuterus, der Endometriumstimulation nach systemischer oder intraluminaler (Uterus) Applikation bei östrogenbehandelten Kaninchen und der Erhaltung einer Schwangerschaft bei ovarektomierten Ratten hervorgeht. Norgestimat verhindert die LH-Freisetzung aus Hypophysenzellen in vitro und unterdrückt den präovulatorischen LH-Anstieg in Ratten. Die kopulationsinduzierte Ovulation bei Kaninchen und die Spontanovulation bei Ratten, Mäusen und Hamstern wird supprimiert. Wie andere Gestagene zeigt Norgestimat antiöstrogene Eigenschaften, indem es die östrogeninduzierte Verhornung des Vaginalepithels bei ovarektomierten Ratten verhindert; es entfaltet selbst aber keine östrogene Wirkung. Im Gegensatz zu anderen Gestagenen ist die androgene Aktivität von Norgestimat derjenigen des natürlichen Progesterons vergleichbar. Die Bindungsaffinität von Norgestimat an die Androgenrezeptoren der Prostata von Ratten ist nicht stärker als diejenige von Progesteron, hat praktisch keine Affinität an humanes Sexhormonbindungsglobulin und bewirkt lediglich ein minimales Wachstum der ventralen Prostata bei immaturen Ratten. Aus diesen Gründen ist Norgestimat ein selektives Gestagen mit guter gestagener Wirkung und wenig bis keiner androgenen Residualwirkung.

Summary

The pharmacological profile of norgestimate, a new progestin developed for use as an oral contraceptive in combination with ethinyl estradiol, has been evaluated by in vitro and in vivo methods. Results of the in vitro binding affinity of norgestimate for the rabbit uterine progestin receptor, endometrial stimulation following either systemic administration to the estrogen-primed rabbit or direct injection into the uterine lumen, and the maintenance of pregnancy in ovariectomized rats demonstrate that norgestimate has characteristic progestational activity. Norgestimate inhibits the release of luteinizing hormone (LH) from pituitary cells in vitro and suppresses the preovulatory surge of LH in rats. It inhibits mating-induced ovulation in rabbits and spontaneous ovulation in rats, mice and hamsters. Like other progestins, norgestimate demonstrates antiestrogenic activity by inhibiting estrone-induced vaginal cornification in ovariectomized rats, but is not itself estrogenic. Unlike other progestins, norgestimate has no more androgenic activity than the natural hormone, progesterone. It exhibits binding affinity to rat prostatic androgen receptors that is no greater than that of progesterone, has virtually no affinity for human sex-hormone-binding globulin (SHBG) and induces minimal growth of the ventral prostate in immature rats. Norgestimate, therefore, is a selective progestin in that it is an effective progestational agent with little or no androgenicity.

Literatur

1 Banhart ER (ed): Physicians' Desk Reference, ed 43 Oradell, Medical Economics Co. 1989, 1505.
2 Royal College of General Practitioners' Oral Contraceptive Study: Further analysis of mortality in oral contraceptive users. Lancet 1981;i:541–546.
3 Bottinger LE, Boman G, Eklund G, Westerholm B: Oral contraceptives and thromboembolic disease: Effects of lowering oestrogen content. Lancet 1980;i:1097.
4 Meade TW, Greenburg G, Thompson SG: Progestogens and cardiovascular reactions associated with oral contraceptives and a comparison of the safety of 50- and 30-mcg estrogen preparations. Br Med J 1980;280:1157–1162.
5 Hatcher RA, Guest F, Stewart F et al: Contraceptive Technology 1988–1989, ed 14, rev. New York, Irvington Publishers, 1988.
6 Dickey RP: Managing contraceptive pill patients, ed 5. Durant, OK, Creative Informatics, 1989.
7 Fotherby K: Effect of oral contraceptives on serum lipid and cardiovascular disease. Br J Family Planning 1985;11:86–91.
8 Silfverstolpe G, Gustafson A, Samsoie G, Svanborg A: Lipid metabolic studies in oophorectomized women. Effects of three different progestagens. Acta Obstet Gynecol Scand 1979;suppl 88:89–95.
9 Gordon T, Castelli WP, Hjortland MC, Kannel WB, Dawber TR: High density lipoprotein as a protective factor against coronary heart disease. Am J Med 1977;62: 707–714.
10 Phillips A, Demarest K, Kahn DW, Wong F, McGuire JL: Progestational and androgenic receptor binding affinities and in vivo activities of norgestimate and other progestins. Contraception 1990;41:399–410.
11 Phillips A, Hahn DW, Klimek S, McGuire JL: A comparison of the potencies and activities of progestogens used in contraceptives. Contraception 1987;36:181–192.
12 Phillips A, The selectivity of a new progestin. Acta Obstet Gynecol Scand, in press.
13 Data on file, RW Johnson Pharmaceutical Research Institute.
14 Phillips A, Hahn DW, McGuire JL: Relative binding affinity of norgestimate and other progestins for human sex hormone binding globulin. Steroids, in press.

D.W. Hahn, MD, R.W. Johnson Pharmaceutical Research Institute,
PO Box 300, Route 202, Raritan, NJ 06659-0602 (USA)

Keller PJ (Hrsg): Aktuelle Aspekte der hormonalen Kontrazeption.
Basel, Karger, 1991, pp 55–66

Biochemische und klinische Resultate der neuen Mikropille Cilest®

M. Mall-Haefeli[a], *I. Werner-Zodrow*[a], *P.R. Huber*[b]

[a] Universitäts-Frauenklinik, Sozialmedizinischer Dienst, Kantonsspital Basel;
[b] Universitäts-Frauenklinik, Hormonlabor, Kantonsspital Basel, Schweiz

Einführung

Jahre nachdem die oralen hormonalen Kontrazeptiva auf den Markt gekommen waren, gab es die ersten Diskussionen über objektive schwerwiegende Nebenwirkungen dieser Präparate. Die Veränderungen betrafen vorwiegend den Metabolismus, das Gefäss- und Gerinnungssystem, den Kohlenhydrat-, Eiweiss- und Lipidstoffwechsel. Die auffallend hohe Rate thromboembolischer Erkrankungen führte zur Reduktion der EE-Dosis in den meisten monophasischen Ovulationshemmern [1]. Nachdem jedoch epidemiologische Daten eine Abhängigkeit von Herzinfarkt und Lipoproteinspiegeln festgestellt hatten [2], konzentrierte sich die Aufmerksamkeit auf die Gestagenkomponente. Die meisten monophasischen Ovulationshemmer enthielten Gestagene mit einer androgenen Partialwirkung. Diese verursachten eine Erhöhung des LDLs und eine Verminderung der HDL-Konzentration [3]. Die Senkung der Gestagendosis und die Entwicklung neuer Gestagene mit einer Wirkungsdissoziation zugunsten der Gestagenwirkung waren Möglichkeiten, die unerwünschte Androgenizität zu verringern.

Neuere Gestagene der vierten Generation sind das Desogestrel, das Gestoden und das Norgestimat (Abb. 1). Während das Desogestrel seine grösste Wirksamkeit erst nach der Metabolisierung zu 3-Keto-Desogestrel entfaltet, wirkt das Gestoden direkt. Das Norgestimat ist als solches bioaktiv, es wirkt jedoch auch durch seinen Metaboliten, das 17-deacetylierte Norgestimat. Beide Stoffe besitzen nur eine geringe androgene Partialwirkung, sie unterscheiden sich in dieser Hinsicht wesentlich vom Levonorgestrel [6, 9].

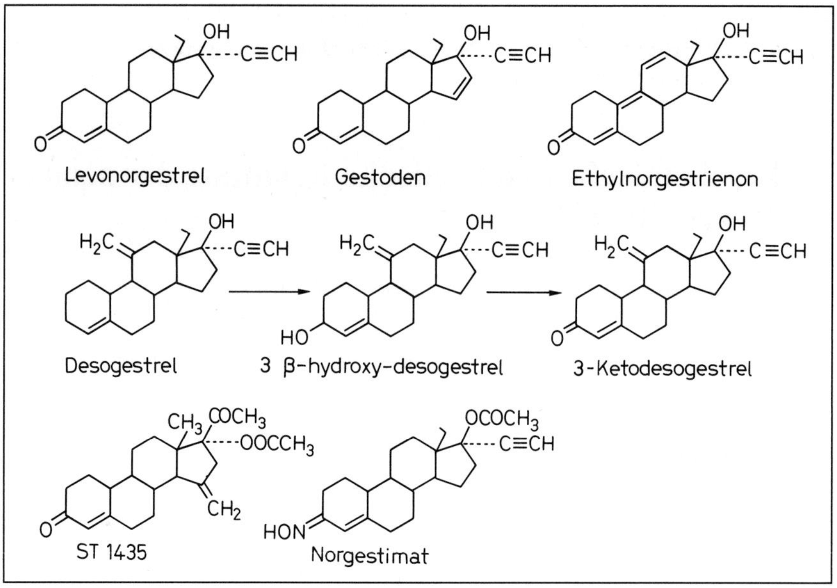

Abb. 1. Strukturformeln neuer Gestagene.

Die Folge der Dosisreduktion ist auch eine geringere Suppression der hypothalamo-hypophysären-ovariellen Achse. Dadurch wäre eventuell eine Erhöhung der Schwangerschaftsrate zu erwarten. Damit stellt sich die Frage nach dem Schwellenwert der EE-Dosis und ob die Reduktion der EE-Dosis durch die Erhöhung der Gestagendosis kompensiert werden kann.

Schliesslich sind die klinischen Auswirkungen der veränderten Dosierung zu diskutieren. Klinische Multizenterstudien haben gezeigt, dass der Pearl-Index der neuen Mikropillen nicht signifikant höher ist als bei den alten hochdosierten Ovulationshemmern. Durch die niedrigere Dosierung beider Komponenten sinken die LH- und FSH-Werte weniger stark ab. Klinisch wird eine follikuläre Reifung in den Ovarien in einem unterschiedlichen Prozentsatz bei allen Mikropillen beobachtet [4]. Die Folge davon ist eine endogene E_2-Sekretion bis zu periovulatorischen Werten. Die erhöhten E_2-Werte manifestieren sich klinisch in Unterleibs- und Brustschmerzen; das Absinken der E_2-Konzentration führt zu Durchbruchblutungen und Spotting, je nach der Dauer und Höhe der endogenen E_2-Sekretion.

Die noch akzeptable Rate dieser follikulären Reifung scheint bei der Schwellendosis von 30 µg EE zu liegen. Präparate mit weniger als 20 µg EE zeigen in 30–50% solche endogenen E_2-Spitzen.

Die neue Mikropille 35 µg EE und 250 µg Norgestimat (Cilest) wurde von uns in zwei Studien getestet. 8 Frauen im Alter von 23 bis 28 Jahren nahmen an der Studie zur Überprüfung der biochemischen Daten teil. Die Einnahme des Ovulationshemmers erfolgte über 6 Monate. Alle Frauen stellten sich auch für einen Vor- und einen Nachbehandlungszyklus zur Verfügung.

Die Blutentnahmen wurden am 21. Zyklustag morgens um 7.30 h im Vor- und Nachbehandlungszyklus, im 3. und 6. Behandlungszyklus entnommen. Untersucht wurden FSH, LH, Prolaktin, E_2, Progesteron, Testosteron und das freie Testosteron, DHEA und A_2.

Die verwendeten Methoden in der Studie «Cilest»:

LH	Pharmacia/LKB, Delfia
FSH	Pharmacia/LKB, Delfia
Prolaktin	Pharmacia/LKB, Delfia
Östradiol	Hausmethode, Labor FK, RIA
Progesteron	CIS, Fleurus/Belgien, RIA (ohne Extraktion)
Testosteron	CIS, Fleurus/Belgien, RIA (ohne Extraktion)
Freies Testosteron	Diagnostic Products Company
DHEAS	Baxter Travenol, RIA
DHEA	Diagnostic Products Company, RIA (mit Extraktion)
Androstendion (A_2)	Diagnostic Products Company, RIA (mit Extraktion)
SHBG	DEAE-Filtertechnik nach Mickelson und Petra

Resultate

LH (Abb. 2): Die basalen und stimulierten LH-Werte waren während der Behandlung im Vergleich zum Vorzyklus signifikant erniedrigt. Hingegen fand sich kein Unterschied zwischen Vor- und Nachbehandlungswerten. *FSH* (Abb. 3): Im Gegensatz dazu fanden sich keine signifikanten Unterschiede beim FSH während des ganzen Behandlungszeitraumes. *Prolaktin* (Abb. 4): Die Prolaktinwerte änderten sich während des ganzen Behandlungszeitraumes nicht. *E_2* (Abb. 5): Die Östradiolkonzentrationen sanken während der Behandlung hochsignifikant ab und normalisierten

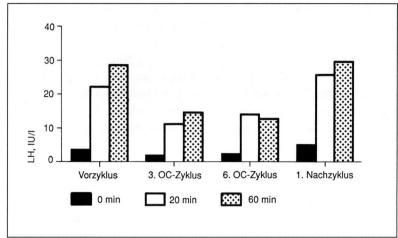

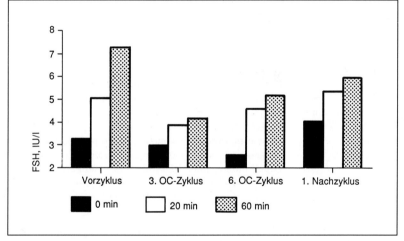

Abb. 2. Mittlere LH-Werte (GnRH-Stimulationstest) vor (Monat 0), während (Monate 3/6) und nach (Monat 7) Behandlung mit Cilest (n = 8).

Abb. 3. Mittlere FSH-Werte (GnRH-Stimulationstest mit 50 µg) vor (Monat 0), während (Monate 3/6) und nach (Monat 7) Behandlung mit Cilest.

Abb. 4. Mittlere Prolaktinwerte vor (Monat 0), während (Monate 3/6) und nach (Monat 7) Behandlung mit Cilest.

Abb. 5. Mittlere E_2-Werte vor (Monat 0), während (Monate 3/6) und nach (Monat 7) Behandlung mit Cilest.

Abb. 6. Mittlere Progesteron-Werte vor (Monat 0), während (Monate 3/6) und nach (Monat 7) Behandlung mit Cilest.

Neue Mikropille Cilest®

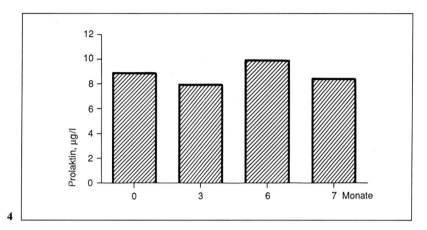

4

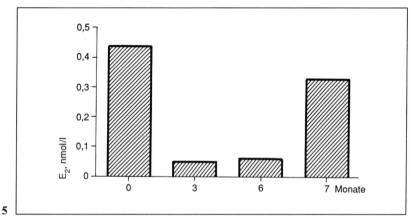

5

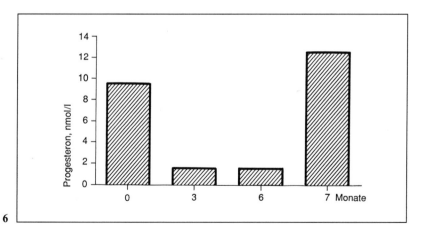

6

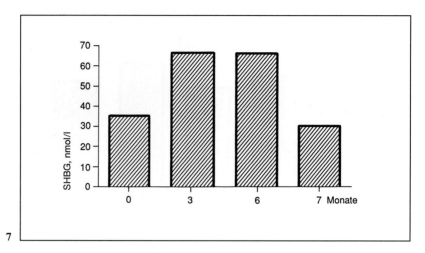

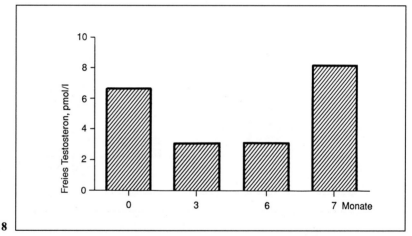

Abb. 7. Mittlere SHBG-Werte vor (Monat 0), während (Monate 3/6) und nach (Monat 7) Behandlung mit Cilest.

Abb. 8. Mittlere freie Testosteron-Werte vor (Monat 0), während (Monate 3/6) und nach (Monat 7) Behandlung mit Cilest.

sich im ersten Nachbehandlungszyklus. Bei der Durchsicht der Einzelwerte fand sich bei keiner Probandin ein erhöhtes endogenes Östradiol. *Progesteron* (Abb. 6): Gleiche Verhältnisse fanden sich für das gleichzeitig bestimmte Progesteron. *SHBG* (Abb. 7): Das SHBG stieg während der Behandlung hochsignifikant an, es fanden sich deshalb erwartungsgemäss

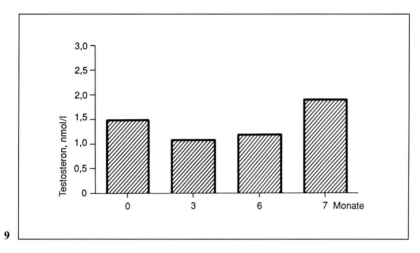

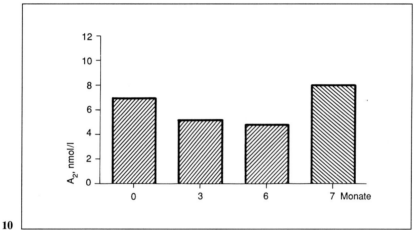

Abb. 9. Mittlere Total-Testosteron-Werte vor (Monat 0), während (Monate 3/6) und nach (Monat 7) Behandlung mit Cilest.

Abb. 10. Mittlere A_2-Werte vor (Monat 0), während (Monate 3/6) und nach (Monat 7) Behandlung mit Cilest.

signifikant reduzierte Werte des *freien Testosterons* (Abb. 8). Beim *totalen Testosteron* (Abb. 9) trat eine signifikante Reduktion im dritten Behandlungszyklus auf. A_2 (Abb. 10) weist entsprechend den E_2-Werten während der gesamten Behandlung eine signifikante Senkung auf. *DHEA und DHEAS* (Abb. 11, 12) zeigten ebenfalls eine signifikante Reduktion.

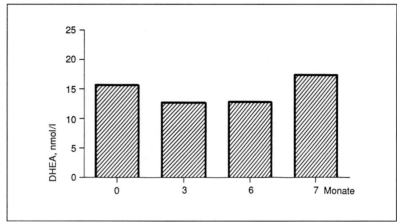
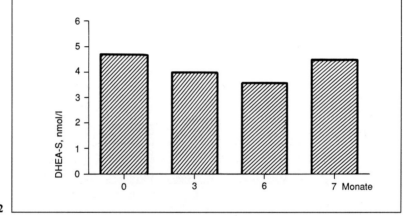

Abb. 11. Mittlere DHEA-Werte vor (Monat 0), während (Monate 3/6) und nach (Monat 7) Behandlung mit Cilest.
Abb. 12. Mittlere DHEA-S-Werte vor (Monat 0), während (Monate 3/6) und nach (Monat 7) Behandlung mit Cilest.

Die klinische Studie und ihre Resultate

355 junge Frauen nahmen an der klinischen Multizenterstudie mit Cilest in der Schweiz teil. 226 Pillenkonsumentinnen nahmen den neuen Ovulationshemmer während 6 Zyklen ein (insgesamt 1654 Zyklen). Die Daten von 224 Frauen wurden in der Folge ausgewertet. Das mittlere Alter

der Probandinnen betrug 24,1 Jahre. Die jüngste Patientin war 15, die älteste 43 Jahre alt. 221 Frauen gehörten der weissen Rasse an, zwei waren orientalischer Abstammung und eine entstammte einer anderen Rasse. Die *Menarche* war in unserer Patientinnengruppe im Mittel mit 12,9 Jahren aufgetreten, bei der jüngsten mit 9, bei der ältesten mit 17 Jahren.

In der Anamnese war das Zyklusverhalten bei 87,6% unregelmässig, *Zwischenblutungen* wurden in 14,4% angegeben, 72,6% verzeichneten eine normal starke Blutung, während 16,4% ihre Menstruationsblutung als stark empfanden. 45,3%, fast die Hälfte der Frauen, klagten über mässige bis starke dysmenorrhöische Beschwerden. 35,0% der untersuchten Patientinnen waren Raucherinnen und 2,8% gaben einen Alkoholkonsum von mehr als 40 g/die an.

Während 58,6% zum ersten Mal einen Ovulationshemmer einnahmen, hatten 41,4% vorher schon hormonale Verhütungsmittel verwendet. Die Anzahl der *ausgelassenen Pillen* variierte zwischen 8,2% und 13,1% pro Zyklus, 3 Frauen hatten im 3. Zyklus mehr als 3 Pillen vergessen.

Schwangerschaften: Auf 1654 Zyklen wurde kein Tablettenversager beobachtet. Die *Zykluslänge* veränderte sich während der Einnahme von Cilest im Mittel nicht signifikant. Die *Blutungsstärke* nahm, wie zu erwarten war, während der Einnahme von Cilest ab, und näherte sich ab dem 6. Zyklus wieder dem Vorbehandlungszyklus. Die *Blutungsdauer* unterschied sich im Durchschnitt nicht signifikant von der Blutungsdauer im Vorbehandlungszyklus. Vereinzelt wurde jedoch eine Tendenz zu verlängerten Blutungen festgestellt.

Amenorrhöen wurden nur vereinzelt beobachtet. Sie traten im ersten Zyklus in 3% auf. Die Prozentzahl normalisierte sich bereits ab dem 2. Zyklus und entsprach damit der in der Durchschnittsbevölkerung beobachteten Prozentzahl. Die in den ersten 3 Zyklen vermehrt beobachteten Schmier- und Durchbruchsblutungen lassen sich zum Teil durch die Umstellung eines höher dosierten hormonalen Kontrazeptivums auf ein niedriger dosiertes erklären.

Nebenwirkungen

In allen 6 Zyklen gingen die dysmenorrhöischen Beschwerden zurück. Lediglich 4–6% der Probandinnen klagten während der Ovulationshemmer-Einnahme über stärkere Beschwerden, die im Verlaufe der Behandlung zurückgingen. Die *Übelkeit* ging mit der Einnahmedauer zurück, wie das von allen Mikropillen bekannt ist, ebenso nahmen Brustspannen und

Kopfschmerzen während der Behandlung ab. Die *Akne* verbesserte sich in ¼–⅓ der Probandinnen. Eine Verschlechterung wurde in den ersten 3 Zyklen bei 17% der Frauen beobachtet, diese Verschlechterung verschwand in den folgenden 3 Zyklen wieder. *Gewicht, Puls und Blutdruck* (systolisch und diastolisch) blieben im Durchschnitt konstant.

Diskussion

Eine der wichtigsten Voraussetzungen für die Einnahme hormonaler Kontrazeptiva ist die Sicherheit. Auch bei den sogenannten Mikropillen (EE < 50 µg) ist die Versagerzahl nicht höher als bei den mittelhoch dosierten Ovulationshemmern. Die Resultate der biochemischen Untersuchung von Cilest (35 µg EE und 250 µg Norgestimat) zeigten, dass die kontrazeptive Sicherheit gewährleistet und der Pearl-Index in unserer Studie nicht erhöht ist. Bei den 8 untersuchten Probandinnen waren die Durchschnittswerte der Gonadotropine und des E_2 signifikant supprimiert. In keinem Fall konnte eine endogene E_2-Sekretion beobachtet werden. Sowohl die LH-Konzentration als auch das freie Testosteron waren signifikant erniedrigt. Dies bedeutet neben den deutlich erhöhten SHBG-Werten eine verminderte Androgenwirkung dieser Zyklen, was eine Verbesserung einer vorbestehenden Akne erwarten lässt; zumindest, wenn die Androgenwirkung durch das Ovar bedingt ist. Inwieweit die gute Suppression aus dem im Vergleich zu anderen Mikropillen etwas erhöhten EE oder der Dosis von 250 µg Norgestimat stammt, kann aus unseren Untersuchungen nicht abgeleitet werden.

Cilest ist gut verträglich, dies wird durch eine gute Östrogen-Gestagen-Balance bewirkt. Das neue Gestagen Norgestimat zeigt eine befriedigende Bioverfügbarkeit beim Menschen. Es wird rasch aufgenommen und bindet an die Progesteronrezeptoren [5]. Wie auch andere Steroide wirkt Norgestimat zusätzlich durch seine Metaboliten, 17-deacetyliertes Norgestimat, 3-Keto-Norgestimat und Levonorgestrel [6]. Die Wirkung von 17-deacetyliertem Norgestimat ist dieselbe wie von Norgestimat. 3-Keto-Norgestimat und Levonorgestrel sind 3,4 bis 4,9 mal potenter als Norgestimat.

Die androgene Aktivität von Norgestimat (Stimulation des ventralen Prostatawachstums) ist gleich derjenigen von Progesteron, während 3-Keto-Norgestimat und Levonorgestrel signifikant mehr Androgenwirkung besitzen als das Norgestimat.

Aufgrund der biologischen Wirkung auf das Lipidsystem (HDL/LDL-Index) und der damit praktisch fehlenden androgenen Restwirkung kann geschlossen werden, dass in erster Linie Norgestimat und das 17-deacetylierte Norgestimat an den Rezeptoren wirksam ist. Durch die niedrige Dosierung wird eine verbesserte Stoffwechselsituation wie bei den anderen Mikropillen erreicht [7]. Der Lipidmetabolismus ist nicht wesentlich tangiert [7, 8]. Niederer Blutzucker und Serumglukose nach oraler Belastung ändern sich nicht signifikant. Die Abweichungen im Gerinnungssystem können bis heute mit keiner Labormethode eindeutig gemessen werden. Hier scheinen genetische Faktoren eine wichtige Rolle zu spielen. Das Risiko einer thromboembolischen Erkrankung scheint bei den verschiedenen Mikropillen etwa gleich hoch zu sein.

Damit handelt es sich bei diesem Ovulationshemmer nach unserer Meinung um ein gut geeignetes, niedrig dosiertes Kontrazeptivum aus der neueren Entwicklung.

Zusammenfassung

Das Norgestimat ist ein Gestagen der vierten Generation, das neben einer guten Gestagenwirkung nur noch eine sehr niedrige androgene Partialwirkung aufweist. Die neue Mikropille Cilest enthält 35 µg EE und 250 µg Norgestimat. In zwei Studien wurden biochemische Daten über die Wirkung von Cilest auf die gonadale Achse erhoben und seine klinischen Nebenwirkungen statistisch ausgewertet. Die Daten der 8 Probandinnen, bei denen die biochemischen Daten erhoben worden sind, zeigten alle eine gute ovulationshemmende Wirkung von Cilest. In dieser Gruppe wurden keine sogenannten Ausreisser beobachtet, das heisst, die Suppression auf die beiden Gonadotropine FSH und LH war so stark, dass es nicht zu einer immaturen Follikelreifung und zur Sekretion von endogenem Östradiol kam. Die klinischen Daten waren befriedigend. In 1654 beobachteten Zyklen wurde kein Tablettenversagen festgestellt. Die Amenorrhöerate entsprach dem Durchschnittswert der Bevölkerung. Die Nebenwirkungen waren niedrig. Cilest kann als geeignete Mikropille für Jugendliche und reife Frauen empfohlen werden.

Biochemical and Clinical Results of the New Micropill Cilest

Norgestimate is a fourth generation gestagen which, in addition to good gestagen activity, exhibits only very low residual androgenic partial activity. The new micropill Cilest contains 35 µg EE and 250 µg norgestimate. In two studies biochemical data were collected relating to the effect of Cilest on the gonadal axis and a statistical evaluation was made of its clinical side effects. The data for the 8 female volunteers from whom the biochemical data were collected all showed a good ovulation-inhibitory effect of Cilest. No so-called outliers were observed in this group, i.e. the suppression of both gonadotropins FSH and LH was so strong that immature follicle stimulation and secretion of endogenous estradiol did not occur. The clinical data were satisfactory. Not once did the tablet fail in 1,654 cycles observed. The rate of amenorrhea coincided with the mean value for the general population. The side effects were moderate. Cilest can be recommended as a suitable micropill for adolescents and mature women.

Literatur

1 Bottiger, L.E.; et al.: Oral contraceptives and thromboembolic disease. Lancet *i:* 1097–1101 (1980).
2 Gordon, T.; et al.: High density lipoprotein as a protective factor against coronary heart disease. Am. J. Med. *62:* 707–714 (1977).
3 Fotherby, K.: Oral contraceptives, lipids and cardiovascular disease. Contraception *31:* 367–404 (1985).
4 Mall-Haefeli, M.; Werner-Zodrow, I.; Huber, P.R.; Edelmann, T.: Oral contraception and ovarian function, in Runnebaum, Rabe, Kiesel, Female contraception (Springer, Berlin 1988).
5 Killinger, J.; Hahn, D.W.; Phillips, A.; Hetyei, N.S.; McGuire, J.L.: The affinity of norgestimate for uterus progesteron receptors and its direct action on the uterus. Contraception Vol. *32:* 311–319 (1985).
6 Philipps, A.; Hahn, D.W.; Klimek, S.; McGuire, J.L.: A comparison of potences and activities of progestogenes used in contraceptifs. Contraception *36:* 181–192 (1987).
7 Rabe, T.; Grunwald, K.; Runnebaum, B.: Epidemiologische Untersuchung über Risikofaktoren der oralen hormonalen Kontrazeption in Deutschland (Heidelberger OC-Studie) sowie klinisch-pharmakologische Daten einer niedrig dosierten norgestimathaltigen Kombinationspille (Cilest) (im Druck, 1990).
8 Kaiser, E.: Effect of Cilest on carbohydrate and lipid metabolism. 11th World Congress of Obstetrics and Gynecology, Berlin 1985.
9 Phillips, A.; Demarest, K.; Hahn, D.W.; Wong, F.; McGuire, J.L.: Progestational and androgenic receptor binding affinities and in vivo activities of norgestimate and other progestins. Contraception *41:* 399 (1990).

Prof. Dr. M. Mall-Haefeli, Marktgasse 4, CH–4051 Basel (Schweiz)

Keller PJ (Hrsg): Aktuelle Aspekte der hormonalen Kontrazeption.
Basel, Karger, 1991, pp 67–78

Klinische Verträglichkeit einer niedrigdosierten norgestimathaltigen Kombinationspille (Cilest®) im Rahmen einer Multicenter-Studie in der Bundesrepublik (Heidelberger OC-Multicenter-Studie)

Klaus Grunwald, Thomas Rabe, Benno Runnebaum

Universitäts-Frauenklinik (Geschäftsführender Ärztlicher Direktor: Prof. Dr. med. *G. Bastert*) und Abteilung für gynäkologische Endokrinologie (Ärztlicher Direktor: Prof. Dr. med. *B. Runnebaum*), Heidelberg, BRD

Einleitung

Orale hormonale Kontrazeptiva sind seit 30 Jahren verfügbar. Seit Mitte der 70er Jahre wurde ein Zusammenhang zwischen der Östrogen- und Gestagendosis und dem Auftreten bestimmter Nebenwirkungen (wie Thrombosen) beobachtet. Dies führte zur Entwicklung niedriger dosierter Präparate. Ferner hat sich die Forschung in den vergangenen Jahren auf die Entwicklung neuer selektiver Gestagene konzentriert, die in ihrer Wirkung dem natürlichen Progesteron nahekommen, aber trotzdem eine starke antiovulatorische Potenz besitzen. Einige dieser modernen Gestagene sind Desogestrel, Gestoden und Norgestimat.

Im Rahmen einer Multicenter-Studie mit insgesamt 59 701 Frauen in der Bundesrepublik wurden Wirksamkeit und Verträglichkeit einer niedrigdosierten norgestimathaltigen Kombinationspille während der ersten 6 Einnahmezyklen untersucht. Von den insgesamt 59 701 in die Studie aufgenommenen Patientinnen haben 6588 Frauen die Behandlung vorzeitig abgebrochen. Von den restlichen 53 113 Frauen waren die Daten von 42 022 bis zum 6. Zyklus auswertbar.

Studienkollektiv

Studienplan

Bei der Untersuchung handelt es sich um eine offene multizentrische Studie mit einer Gesamtbehandlungsdauer von 6 Zyklen mit Folgeuntersuchungen nach jedem Zyklus. Es nahmen insgesamt 59 701 Frauen teil, die von insgesamt 1609 Prüfärzten betreut wurden. Untersucht wurden die Wirksamkeit und die Verträglichkeit der Prüfmedikation, ausserdem wurde das Auftreten von Nebenwirkungen erfasst. Die Wirksamkeit der norgestimathaltigen Kombinationspille wurde durch die Berechnung des Pearl-Index erfasst, die Verträglichkeit anhand einer Vielzahl von Parametern überprüft:

Zyklus	Zykluslänge, Blutungsdauer und -stärke, Amenorrhörate, Schmier- und Durchbruchblutungen, Dysmenorrhö
Klinik	Blutdruck, Körpergewicht, Puls
Begleiterscheinungen	Akne, Übelkeit, Brustspannen, Kopfschmerzen

Aufnahme- und Ausschlusskriterien

An der klinischen Prüfung konnten Frauen im gebärfähigen Alter mit gutem Allgemeinzustand und regelmässigen ovulatorischen Zyklen teilnehmen. Zum Ausschluss von der Studie führte, wenn einer der folgenden Punkte zutraf: Amenorrhö, Thromboembolie akut oder in der Anamnese, zerebrovaskuläre Erkrankungen, Myokardinfarkt, Sichelzellanämie, Erkrankungen der Leber und der Gallenblase, Fettstoffwechselstörungen, Herpes gestationis oder schwerer Schwangerschaftspruritus in der Anamnese, idiopathischer Schwangerschaftsikterus, Schwangerschaft bzw. Verdacht auf Schwangerschaft, Krebserkrankungen, Unzuverlässigkeit der Patientin.

Abbruch der Studie

Insgesamt 59 701 Frauen begannen die Studie. Bei 6588 Patientinnen (11 %) wurde die Behandlung vorzeitig beendet, wobei dies in 74 % der Fälle auf Wunsch der Patientin geschah (16 % Abbruch durch Entscheidung des Arztes, 10 % gemeinsame Entscheidung durch Patientin und Arzt). Weitere Angaben zum Grund des Studienabbruchs wurden nicht dokumentiert. Zur Auswertung bis Ende des 6. Zyklus kamen 42 022 Frauen.

Epidemiologische Daten

Das mittlere Alter der teilnehmenden Frauen lag bei 24 ± 7 Jahren (x ± s), wobei 49,9% unter 23 Jahre alt waren. 87,6% der Frauen waren jünger als 33 Jahre und 830 Frauen (1,4%) waren älter als 42 Jahre.

Die mittlere Körpergrösse lag bei 166 ± 6 cm; 67,5% der Frauen waren kleiner als 170 cm, wobei nur 1,7% (n = 991) grösser als 179 cm waren.

Bezüglich des Zigarettenkonsums zeigte sich, dass 39% der Teilnehmerinnen regelmässig rauchten; im Mittel betrug der Zigarettenkonsum 13 ± 7 Zigaretten/Tag (x ± s). Die Menge der täglich konsumierten Zigaretten lag bei 54% unter 11 Zigaretten/Tag; 93,3% der Raucherinnen rauchten bis maximal 20 Zigaretten/Tag.

Das Menarchealter wurde von 58,1% der Frauen mit 12–13 Jahren angegeben. 25,7% hatten ihre erste Regelblutung im 14.–15. Lebensjahr. Nur 13,2 bzw. etwa 3% wiesen ein Menarchealter unter 12 Jahren bzw. über 15 Jahren auf.

Kontrazeption vor OC-Einnahme: 46,2% der Frauen hatten bereits vor Eintritt in die Studie eine hormonale Kontrazeption verwendet. Bezogen auf das Gesamtkollektiv verwendeten 1,9% die Minipille, 19,5% nahmen eine Kombinationspille, 25,3% ein 2- oder 3-Phasen-Präparat und 0,5% ein Depotpräparat. 6,6% der teilnehmenden Frauen hatten vor Studienbeginn ein Intrauterinpessar getragen (Prozentzahlen bezogen auf 53 763 Frauen; keine Angaben n = 5938).

Da die vorherige Einnahme hormonaler Kontrazeptiva möglicherweise die Ergebnisse (insbesondere die Zykluskontrolle) verändern konnte, erfolgte die Auswertung zum einen für das Gesamtkollektiv und zum anderen getrennt für die Frauen, die bereits hormonale Kontrazeptiva eingenommen hatten (Umstellungen) und für diejenigen, die erstmalig hormonale Kontrazeptiva einnehmen wollten (Neueinstellungen).

Klinische Befunde vor und unter Einnahme der norgestimathaltigen Pille

Körpergewicht: 77,8% der Teilnehmerinnen wiesen ein Körpergewicht zwischen 50 und 69 kg auf. Entsprechend lag der Broca-Index von 73,9% der Frauen zwischen 85 und 114%. Das mittlere Körpergewicht betrug vor der Behandlung 61 ± 9 kg (x ± s), nach dem 3. OC-Zyklus 62 ± 9, nach

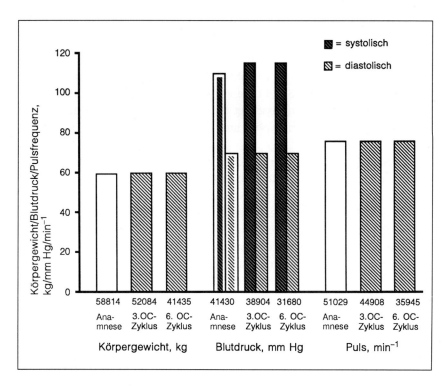

Abb. 1. Körpergewicht, Blutdruck und Puls vor und unter Einnahme des norgestimathaltigen Kombinationspräparates.

dem 6. OC-Zyklus ebenfalls 62 ± 9. Das Körpergewicht stieg im Mittel um 0,6% des Vorwerts an (Abb. 1). Vergleicht man die Veränderungen des Körpergewichts in den beiden Subkollektiven mit und ohne vorherige hormonale Kontrazeption, so zeigt sich, dass zwischen beiden Gruppen keine relevanten Unterschiede zu beobachten sind.

Blutdruck: Vor Behandlungsbeginn betrug der mittlere systolische Blutdruck 112 ± 7 mm Hg (x ± s), nach dem 3. OC-Zyklus 113 ± 6, nach dem 6. OC-Zyklus 113 ± 6. Der systolische Blutdruck stieg im Mittel um 0,5% des Vorwerts an (Abb. 1). Für den diastolischen Blutdruck wurden keine wesentlichen Veränderungen beobachtet (vor OC-Einnahme 71 ± 9, 3. OC-Zyklus 72 ± 8, 6. OC-Zyklus 72 ± 8). Im Mittel stieg der diastolische Blutdruck um 0,5% des Vorwertes an (Abb. 1). Im Vergleich der beiden Subkollektive mit und ohne vorherige hormonale Kontrazeption

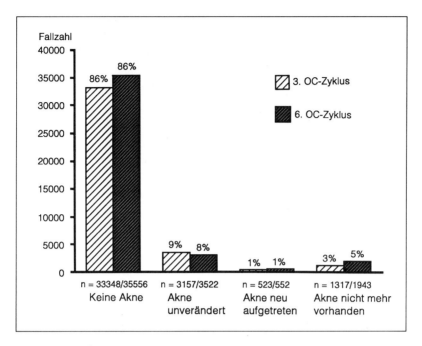

Abb. 2. Akne. Änderung der Häufigkeit unter Einnahme des norgestimathaltigen Kombinationspräparates (bezogen auf 42 022 Frauen; keine Angaben n = 814/3312).

ergaben sich weder für den diastolischen noch für den systolischen Blutdruck wesentliche Unterschiede.

Puls: Keine Veränderungen waren bei der Pulsfrequenz der Patientinnen festzustellen. Im Durchschnitt 76 ± 9/min (vor OC-Einnahme), 76 ± 9/min (3. OC-Zyklus) bzw. 76 ± 8/min (6. OC-Zyklus) (Abb. 1). Ebenso wie für den Blutdruck unterschieden sich die Vorwerte und Veränderungen der Pulsfrequenz zwischen den Frauen mit und ohne hormonale Kontrazeptiva nicht.

Akne: Bei 1% der Frauen war Akne neu aufgetreten, bei 8–9% war sie unverändert, bei 3–5% war sie nicht mehr vorhanden. Keine Akne hatten 86% der Patientinnen (Abb. 2). Im Vergleich der Umstellungen mit den Neueinstellungen zeigten sich weder Unterschiede in der Ausgangshäufigkeit, der Besserung noch im Neuauftreten der Akne.

Kopfschmerzen: Eine Verschlimmerung der Kopfschmerzen trat bei 2–4% auf, unverändert Kopfschmerzen hatten 3–4%, eine Besserung trat

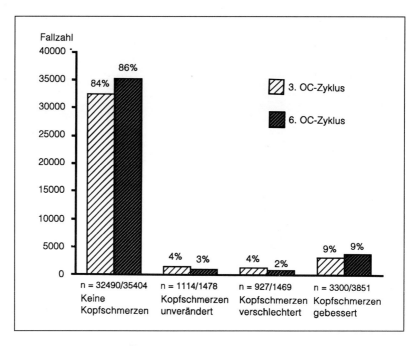

Abb. 3. Kopfschmerzen. Änderung der Häufigkeit unter Einnahme des norgestimathaltigen Kombinationspräparates (bezogen auf 42 022 Frauen; keine Angaben n = 726/3285).

bei 9% auf. Keine Kopfschmerzen hatten 84–86% (Abb. 3). Keine Kopfschmerzen gaben in der Gruppe der Neueinstellungen 90% der Frauen an, hingegen nur 80% der Gruppe der Umstellungen. Unter OC-Einnahme zeigten 14% in der Gruppe der Frauen, die zuvor andere hormonale Kontrazeptiva eingenommen hatten, eine Besserung der Kopfschmerzen (Neueinstellungen 6%).

Brustspannen: Bei 8–9% war das Brustspannen neu aufgetreten, unverändert war es bei 81–84%, nicht mehr vorhanden bei 4–6%. Kein Befund wurde bei 3–5% angegeben. Auffällig ist, dass nur 3–5% der Frauen kein Brustspannen angeben (Abb. 4). Ein Vergleich Neueinstellungen/Umstellungen zeigte keine wesentlichen Unterschiede.

Übelkeit: Eine Verschlechterung wurde von 3% beobachtet, die sich im weiteren Verlauf auf 1% verbesserte, unveränderte Befunde gaben 1–2% an, eine Besserung 4–5%, keine Übelkeit hatten 91–93% (Abb. 5). Der Vergleich Umstellungen/Neueinstellungen ergab keine Unterschiede.

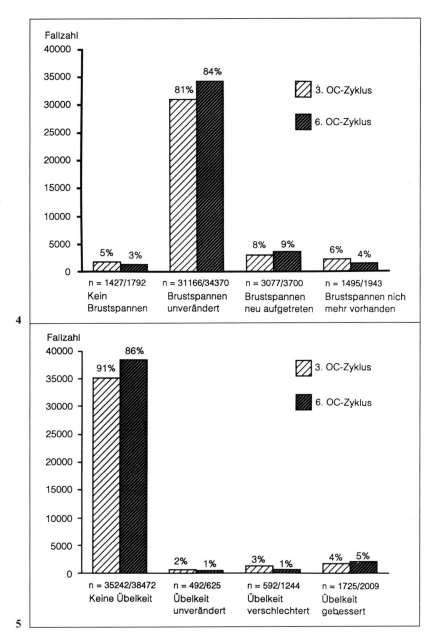

Abb. 4. Brustspannen. Änderung der Häufigkeit unter Einnahme des norgestimathaltigen Kombinationspräparates (bezogen auf 42 022 Frauen; keine Angaben n = 1030/3640).

Abb. 5. Übelkeit. Änderung der Häufigkeit unter Einnahme des norgestimathaltigen Kombinationspräparates (bezogen auf 42 022 Frauen; keine Angaben n = 814/3312).

Zykluskontrolle

Im folgenden werden zunächst die Ergebnisse bezüglich der Zykluskontrolle bezogen auf das Gesamtkollektiv dargestellt, danach erfolgt die Analyse der Ergebnisse für die beiden Gruppen der Neueinstellungen für das Prüfpräparat und der Umstellungen von anderen hormonalen Kontrazeptiva. Die folgenden Angaben beziehen sich zuerst auf den 3., dann auf den 6. Zyklus.

Zykluslänge: Vor Einnahme des oralen Kontrazeptivums betrug die Zykluslänge bei 82,8% 25–29 Tage; 12,2% gaben eine Zykluslänge zwischen 30 und 34 Tagen an. Nur 1,4 bzw. 3,5% hatten einen Zyklus, der länger als 34 bzw. kürzer als 25 Tage war. Die mittlere Zykluslänge betrug vor der Einnahme der Pille 29 ± 3 Tage (x ± s), nach dem 3. OC-Zyklus 28 ± 0,8, nach dem 6. OC-Zyklus 28 ± 0,7 Tage. Insgesamt waren Änderungen der Zykluslänge bei den Frauen, die zuvor kein hormonales Kontrazeptivum verwendet hatten (45%) häufiger als bei den Frauen, die hormonale Kontrazeptiva bereits vor Beginn der Studie verwendet hatten (28%). So zeigten 13% der Neueinstellungen eine Zunahme der Zykluslänge (9% der Umstellungen) und 32% eine Abnahme der Zykluslänge (19% der Umstellungen).

Blutungsdauer: Bei 87,3% dauerte die Menstruationsblutung vor Einnahme von Cilest zwischen 3 und 6 Tagen; 2,1% hatten eine kürzere Regelblutung von 1 bis 2 Tagen, 10,7% eine Menstruationsblutung, die länger als 7 Tage dauerte. Durchschnittlich betrug die Blutungsdauer vor Einnahme der Pille 5 ± 1,3 Tage (x ± s), nach dem 3. OC-Zyklus 4,3 ± 1,2 Tage und nach dem 6. OC-Zyklus 4,2 ± 1,1 Tage.

Blutungsstärke: Die Blutungsstärke wurde vor OC-Einnahme von 73,9% der Frauen als normal angegeben, 12,5% gaben eine schwache Regelblutung an, 13,6% klagten über zu starke Blutungen. Während der OC-Einnahme war die Blutungsstärke bei 27 bzw. 32% schwächer, bei 69 bzw. 64% gleich und bei 4 bzw. 4% stärker geworden (3. bzw. 6. OC-Zyklus). Insgesamt trat eine Veränderung der Blutungsstärke bei 36% auf, davon bei 89% eine Abnahme und bei 11% eine Zunahme. Abhängig von der vorherigen Einnahme hormonaler Kontrazeptiva änderte sich die Blutungsstärke etwas häufiger bei den Frauen, die bisher keine oralen Kontrazeptiva eingenommen hatten (36 gegenüber 32%). Eine Zunahme der Blutungsstärke wurde nur bei 2% (Neueinstellungen) bzw. 5% (Umstellungen) beobachtet. Die unter Pilleneinnahme häufig beobachtete Abnahme der Blutungen zeigte sich bei 34% der Frauen ohne vorherige Einnahme hormonaler Kontrazeptiva und bei 27% der Umstellungen.

Amenorrhö: Die Amenorrhö lat im 3. OC-Zyklus bei 2% und fiel dann bis zum 6. OC-Zyklus auf 1,4% (Abb. 6). Sie war in der Studie unabhängig von der vorherigen Anwendung von hormonalen Kontrazeptiva (Abb. 6).

Schmierblutungen: Neu aufgetretene Schmierblutungen wurden bei 6 bzw. 3% beobachtet (3. bzw. 6. OC-Zyklus). Unverändert bestand eine Schmierblutung bei 2 bzw. 1%; bei 7 bzw. 6% war eine Schmierblutung nicht mehr vorhanden. 95% der Patientinnen hatten nach 6 OC-Zyklen keine Schmierblutungen mehr (Abb. 6). Die Dauer der Schmierblutungen betrug vor Einnahme der Pille $3,9 \pm 2,7$ Tage ($x \pm s$), nach dem 3. OC-Zyklus $3,2 \pm 2,5$ und nach dem 6. OC-Zyklus $3,0 \pm 2,4$ Tage. 93% der Frauen, die bisher keine hormonalen Kontrazeptiva verwendet hatten, gaben keine Schierblutungen an; im Vergleich hierzu waren es bei den Umstellungen 85%. Ein Verschwinden von Schmierblutungen wurde bei 10% (Umstellungen) bzw. 4% (Neueinstellungen) beobachtet; Schmierblutungen traten in beiden Gruppen bei 3% der Frauen neu auf. Bei 1% der Frauen in beiden Gruppen blieben unter Einnahme der norgestimathaltigen Pille vorher bestehende Schmierblutungen unverändert. Somit liess sich unter der norgestimathaltigen Pille ein Rückgang der unter vorheriger hormonaler Kontrazeption beobachteten Schmierblutungen feststellen.

Durchbruchblutungen: Durchbruchblutungen waren bei 3 bzw. 2% (3. bzw. 6. OC-Zyklus) unter OC-Einnahme neu aufgetreten, blieben bei 1 bzw. 1% der Frauen unverändert bestehen und waren bei 3 bzw. 3% nicht mehr vorhanden. Keine Durchbruchblutungen hatten 94% der Patientinnen vor Beginn der OC-Einnahme. Insgesamt lag die Rate der Durchbruchblutungen nach 6 OC-Zyklen bei 3% (Abb. 6). Die Dauer der Durchbruchblutungen betrug $4,5 \pm 3,3$ Tage ($x \pm s$), nach 3 OC-Zyklen $3,8 \pm 2,9$ und nach 6 OC-Zyklen $3,8 \pm 3,1$ Tage. Im Vergleich der beiden Gruppen mit und ohne vorherige Einnahme hormonaler Kontrazeptiva ergaben sich keine wesentlichen Unterschiede.

Pearl-Index

In der Heidelberger Multicenter-Studie mit 59 701 Patientinnen traten 71 Schwangerschaften auf. Bei einer Gesamtzahl von 342 348 Zyklen entspricht dies einem Pearl-Index on 0,25 mit einem 95%-Konfidenz-Intervall on 0,19 bis 0,31.

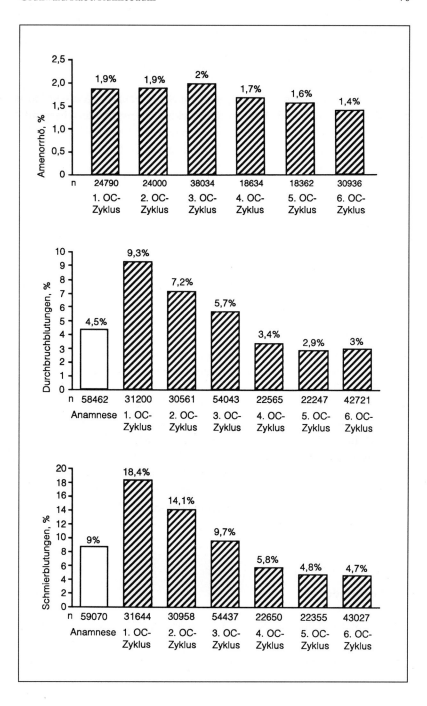

Zusammenfassung

Im Rahmen einer Multicenter-Studie in der Bundesrepublik wurden Wirksamkeit und Verträglichkeit (unerwünschte Begleiterscheinungen und Blutungsverhalten) des niedrigdosierten Kombinationspräparats Cilest® (250 µg Norgestimat/36 µg Äthinylöstradiol) während der ersten 6 Einnahmezyklen untersucht. Von den insgesamt 59 701 in die Studie aufgenommenen Patientinnen wurde die Untersuchung bei 6588 vorzeitig abgebrochen. Bei 59 701 Frauen traten 71 Schwangerschaften auf. Bei einer Gesamtzahl von 342 348 Zyklen entspricht dies einem Pearl-Index von 0,25 mit einem 95%-Konfidenz-Intervall von 0,19 bis 0,31.

Unter der OC-Einnahme kam es bei weniger als 5% der Fälle zu Durchbruch- und Schmierblutungen. Das Körpergewicht wurde nicht wesentlich beeinflusst. Es konnten keine androgenen Nebenwirkungen beobachtet werden. Symptome wie Kopfschmerzen und Übelkeit besserten sich unter der Einnahme der norgestimathaltigen Pille.

Im Gesamtkollektiv war eine Abnahme der Zykluslänge (−4%), der Blutungsdauer (−16%) und der Blutungsstärke festzustellen. Bei Frauen, die vorher keine hormonale Kontrazeptionsmethode verwendet hatten, ergab sich unter dem hier eingesetzten Kombinationspräparat eine häufigere Verkürzung der Zykluslänge und Blutungsdauer und Minderung der Blutungsstärke als bei den Frauen, die keine oder eine andere Art der Kontrazeption angewandt hatten.

Schmierblutungen waren bei den Frauen mit vorheriger oraler hormonaler Kontrazeption zu Beginn der Studie häufiger (15%) als bei den übrigen Frauen (7%); sie zeigten jedoch unter der norgestimathaltigen Kombinationspille einen deutlichen Rückgang. Nach 6 Zyklen gaben nur noch 4% der Frauen Schmierblutungen an (Frauen ohne vorherige hormonale Kontrazeption nach 6 Zyklen ebenfalls 4%).

Durchbruchblutungen waren ebenfalls zu Beginn der Studie häufiger, wenn vorher eine orale hormonale Kontrazeptionsmethode angewandt wurde (8 gegenüber 3%), wurden jedoch nach 6 OC-Zyklen in beiden Gruppen in vergleichbarer Häufigkeit beobachtet (2 gegenüber 3%). Diese anfänglich aufgetretenen Zyklusunregelmässigkeiten könnten teilweise durch die Östrogenreduktion bei Umstellung der Pille erklärt werden.

Aufgrund unserer Untersuchungen zeichnet sich das monophasische norgestimathaltige Kombinationspräparat durch gute klinische Verträglichkeit und Akzeptanz aus. Es bietet hohe kontrazeptive Sicherheit und eine gute Zykluskontrolle.

Summary

Within the framework of a multicenter trial in Germany, the efficacy and tolerance (undesirable side effects and bleeding behavior) of the low-dosed combined preparation Cilest® (250 µg norgestimate/35 µg ethinyl estradiol) were investigated during the first 6

Abb. 6. Zyklusverhalten vor und unter Einnahme des norgestimathaltigen Kombinationspräparates: Häufigkeit von Amenorrhö, Durchbruchblutungen und Schmierblutungen.

ingestion cycles. The investigation was prematurely discontinued in the case of 6,588 out of a total of 59,701 women admitted to the trial. Seventy-one pregnancies were recorded in this population of 59,701 women. For a total of 342,348 cycles, this corresponds to a Pearl index of 0.25 with a 95% confidence interval of 0.19–0.31.

The ingestion of the oral contraceptive (OC) led to breakthrough bleeding and spotting in less than 5% of the cases. Body weight was not significantly affected. No androgenic side effects were observed. Symptoms such as headache and nausea improved during the treatment with the norgestimate-containing pills.

A decrease in the length of the menstrual cycle (–4%), the duration of bleeding (–16%) and the amount of menstrual flow were observed in the entire study population. A more frequent shortening of the menstrual cycle and of the duration of menstrual bleeding were elicited by the use of the combined preparation in women who had not used a hormonal method of contraception previously as compared with women who had used another method of contraception or none at all.

Spotting was more common (15%) in women who had previously used oral hormonal contraception as opposed to all of the other women (7%) at the start of the study; they showed, however, a marked decrease under the effect of the norgestimate-containing combined pill. After 6 cycles, only 4% of the women still reported spotting (same proportion, i.e. 4%, after 6 cycles for women not having previously used hormonal contraception).

Breakthrough bleeding was also more frequent at the start of the trial if an oral hormonal method of contraception had previously been used (8 vs. 3%), but after 6 OC cycles it was observed with equal frequency in both groups (2 versus 3%). These menstrual irregularities occurring at the start of the study may be explained, in part, by estrogen reduction as a consequence of adaptation to the pill.

The results of our investigations show that the monophasic norgestimate-containing combined preparation excels by virtue of its good clinical tolerance and acceptance. It provides good contraceptive safety and good control of the menstrual cycle.

Dr. med. Klaus Grunwald, Universitäts-Frauenklinik Heidelberg, Abteilung für gynäkologische Endokrinologie, Vossstrasse 9, D-W–6900 Heidelberg (BRD)

Antiandrogene hormonale Kontrazeptiva

Keller PJ (Hrsg): Aktuelle Aspekte der hormonalen Kontrazeption.
Basel, Karger, 1991, pp 79–92

Androgenisierungserscheinungen bei der Frau und ihre Behandlung durch interdisziplinäre Zusammenarbeit von Dermatologen und Gynäkologen

E. Kaiser

Stiftung Deutsche Klinik für Diagnostik, Wiesbaden, BRD

Endokrine Fehlleistungen des Androgenstoffwechsels führen bei der Frau zu Akne, Seborrhö, Alopezie und Hirsutismus. Es ist nicht verwunderlich, dass speziell in der dermatologischen und gynäkologischen Praxis häufiger Mädchen und Frauen erscheinen, die über Androgenisierungserscheinungen unterschiedlichster Stärke klagen und bereits durch Laienpresse und Mundpropaganda auf einschlägige Therapiemassnahmen aufmerksam gemacht wurden. Sie geben nicht selten bereits im Erstgespräch zum Ausdruck, dass sie durch diese Hautveränderungen psychisch äusserst belastet sind und bei Vorliegen einer Behaarungsstörung Ängste entwickeln, sie könnten ihre Weiblichkeit einbüssen.

Die Geschichte des Menschen zeigt, wie wichtig er zu allen Zeiten seine Behaarung genommen hat und dass das Haar in sehr unterschiedlichen Kulturen als «pars pro toto» für eine Person galt [3]: Die Frau ist wie ein Kind unbehaart; der Haarwuchs auf dem Körper gibt dem Mann Kraft und Überlegenheit. Ist eine Frau an Körperpartien behaart, wo es sich «nicht geziemt», weist sie sich damit als «Dämon», d.h. als Personifikation schlechter Kräfte aus.

Man muss sich heute sinnvollerweise vor Augen halten, dass sich bei vielen Emotionen im Zusammenhang mit Sexualität, Körpererfahrung und Schönheitsidealen Massstäbe entfalten, die sowohl aus der Vergangenheit des Individuums als auch aus der unmittelbaren Vergangenheit der Gesellschaft resultieren. Von Geburt an wird unser ganzes Dasein in männlich und weiblich eingeteilt, als hätte diese Zweiteilung ihren Ursprung in unserem genetischen Material. Mit dieser seit Beginn unseres Lebens bestehenden Zweiteilung steht aber die hirsute Frau im Konflikt. Eine «behaarte» Frau durchbricht nämlich diese elementarste Zweiteilung, ihr Aussehen ist männlich. Damit befindet sie sich in erschreckender Weise in deutlichem Widerspruch zu den heute geltenden Schönheitsidealen [3].

Gerade in der Pubertät ist so manches Mädchen mit einer stärkeren Akne und/oder Behaarung behaftet, und es kann sich dann in der Konkurrenz zu anderen Mädchen nicht behaupten, wird sogar mitunter von Jungen abgewiesen. Dieses Gefühl wird es immer verfolgen, auch wenn der Hirsutismus erst im späteren Lebensalter auftritt. Es wird in der Menopause schliesslich zum Kennzeichen dafür, dass es seine Rolle in unserer Welt ausgespielt hat. Sicherlich stellen die weniger stark ausgeprägten Androgenisierungserscheinungen bei der Frau in vielen Fällen einerseits ein kosmetisches und psychologisches Problem dar. Anderseits können aber diese Symptome Anzeichen einer schwerwiegenden endokrinen Erkrankung sein. Somit ist die Beachtung und Wertigkeit anamnestischer Daten von grosser Wichtigkeit, um die richtigen diagnostischen Schritte und therapeutischen Entscheidungen zu treffen [20].

Die Androgenisierungserscheinungen bei der Frau können durch verschiedene funktionelle oder neoplastische Erkrankungen der Ovarien oder der Nebennieren hervorgerufen werden, was sich in Erscheinungen wie Hirsutismus oder Virilisierung äussert [6]. Zum besseren Verständnis der endokrinologischen Diagnostik und therapeutischen Massnahmen der Hyperandrogenisierungserscheinungen folgt eine kurze Betrachtung des Androgenstoffwechsels nach Schindler und Schindler [19]: Die biologisch unterschiedlich stark wirkenden Androgene, nämlich Dihydrotestosteron (DHT), Dehydroepiandrosteron (DHEA), Testosteron, Androstendion, Androstendiol und Androstandiol werden bei der Frau vom Ovar und der Nebenniere direkt sezerniert oder sie entstehen durch extraglanduläre Verstoffwechslung, so dass z.B. 50% des gesamten Testosterons, im Gegensatz zum DHEA, das vornehmlich durch direkte Sekretion der Nebennierenrinde entsteht, aus dem extraglandulären Stoffwechsel und zu gleichen Teilen, nämlich jeweils 25%, aus Ovar und Nebennieren herrühren. Das biologisch stärkste Androgen DHT aber entsteht durch extraglanduläre intrazelluläre Umwandlung mittels der 5α-Reduktase aus Testosteron.

Als Ursache einer erhöhten Androgenwirkung kommen nach Schindler [18] folgende wesentlichen Möglichkeiten in Frage:

1. Erhöhte Androgenkonzentration im Blut infolge erhöhter Sekretion, erhöhter Produktion und/oder verminderter Clearance.
2. Verminderte Bindungs- bzw. Transportproteine.
3. Erhöhte zelluläre Androgenwirkung: a) intrazelluläre Steroidumwandlung, z.B. von Testosteron zu DHT; b) Androgenrezeptorkonzentration und -bindungsfähigkeit; c) zelluläre bzw. intrazelluläre Veränderung der Translokation und Transkription.

Darunter versteht man folgendes: Um ihre Wirkung entfalten zu können, müssen Androgene in die Zellen der Zielorgane aufgenommen werden. Dies betrifft nicht nur die an Transporteiweiss gebundenen Androgene, sondern auch das freie Testosteron, das von der zellulären 5α-Reduktase in DHT umgewandelt und an einen zytoplasmatischen Rezeptor gebunden und damit in den Zellkern verlagert wird (Translokation). Dort entfaltet das Androgen seine biologische Wirkung (Transkription). Die Kenntnisse dieser Vorgänge sind für das Verständnis biochemischer Parameter bei Vorliegen von Androgenisierungserscheinungen der Frau und den sich daraus ableitenden Therapiemassnahmen von wesentlicher Bedeutung. Sie besagen nämlich, dass wir keinesfalls immer erhöhte Androgenblutkonzentrationen nachweisen, sondern es häufiger bei speziell nicht tumorbedingten Androgenisierungserscheinungen mit «zellulären» Vorgängen zu tun haben, die man mit einer «gesteigerten Sensibilität der androgenen Zielorgane» umreisst. Die Behandlung der nicht tumorbedingten Androgenisierungserscheinungen in der dermatologischen oder gynäkologischen Praxis bereiten heute keine diagnostischen und therapeutischen Probleme mehr, stehen uns doch mit verschiedenen Wirkstoffen eine Vielzahl von Therapiekonzepten zur Verfügung, die auf jede Patientin mit ihren individuellen Vorstellungen zugeschnitten werden können [8].

1964 berichtete erstmals Maggiolo [11] über gute Therapieerfolge bei übermässiger Körperbehaarung der Frau, die er mit einer Östrogen-Gestagen-Kombination erzielte. Diesen günstigen Effekt erwartete man später auch von der Östrogen-Gestagen-Kombination, die sich zur hormonalen Kontrazeption einsetzen liess. Dass aber hierbei widersprüchliche Therapieerfolge registriert wurden, hängt, wie wir inzwischen wissen, damit zusammen, dass diese hormonalen Kontrazeptiva, auch noch in der heutigen 3. Generation, bis auf wenige Ausnahmen Progestagene enthalten, die als Abkömmlinge des Testosterons eine androgene Restwirkung entfalten. Damit kann das erwartete Therapieergebnis verhindert werden oder es führt sogar erst zum Auftreten oder zur Zunahme von Androgenisierungserscheinungen, meist in Form einer Seborrhö, von Akne und/oder Alopezie, weniger eines Hirsutismus. Hier wird nicht selten von ärztlicher Seite «gesündigt», indem man keine Medikamentenanamnese erhebt und dadurch auf mögliche Medikamenteninteraktionen aufmerksam wird. Hofmann et al. [5] wiesen 1974 auf diese Zusammenhänge hin, indem sie für die damals auf dem Markt verfügbaren hormonalen Kontrazeptiva eine Klassifizierung hinsichtlich ihres Therapieerfolgs bei Virilisierungserscheinungen der Frau aufstellten.

Die Suche der Pharmaindustrie nach antiandrogen wirkenden Substanzen führte unter anderem zur Synthese der heute gebräuchlichen antiandrogen wirkenden Progestagene Chlormadinonazetat (CMA) und Cyproteronazetat (CPA). Diese sogenannten Antiandrogene sind synthetische Substanzen, d.h. sie kommen in der Natur nicht vor. Schindler [18] charakterisierte ihren Wirkungsmechanismus folgendermassen:

1. Kompetitiver Effekt am Androgenrezeptor der Erfolgsorgane.
2. Senkung der Androgensekretion der Nebennieren durch Beeinflussung der ACTH-Sekretion.
3. Senkung der Androgensekretion der Ovarien durch Beeinflussung der LH/FSH-Sekretion.
4. Änderung des Androgenmetabolismus durch Änderung der 5α-Reduktase-Aktivität.

Neben diesen beiden antiandrogen wirkenden Gestagenen CMA und CPA, die einerseits die 5α-Reduktase und anderseits die Bindung von 5α-Dihydrotestosteron and das Rezeptorprotein hemmen und somit insgesamt progestativ, antigonadotrop, antikortikotrop und antiandrogen wirken, hat eine Behandlung mit Östrogenen (steigern Bindungskapazität für Testosteron), Kortikosteroiden (Hemmung der ACTH-Sekretion) und Spironolakton (kompetitive Hemmung am intrazellulären Androgenrezeptor) nur bei aussergewöhnlicher Konstellation Bedeutung erlangt.

Therapeutisch günstig ist mitunter allein schon eine prolaktin-suppressive Behandlung, da Prolaktin eine Erhöhung der DHEA-Sekretion der Nebennierenrinde bewirkt. Ein eosinophiles oder basophiles Adenom der Hypophyse kann nicht nur durch Prolaktinstimulation eine vermehrte Androgensekretion der Nebennieren ermöglichen, sondern auch über eine vermehrte Stimulation der Nebennierenrinde durch ACTH. LH, z.B. beim Syndrom des polyzystischen Ovars, und auch ektopisches HCG bewirken eine vermehrte Androgenbiosynthese im Ovar und gegebenenfalls auch in der Nebennierenrinde [19].

Die Behandlung von nicht tumorbedingten Androgenisierungserscheinungen, wie Seborrhö, Akne, Alopezie und Hirsutismus, vornehmlich

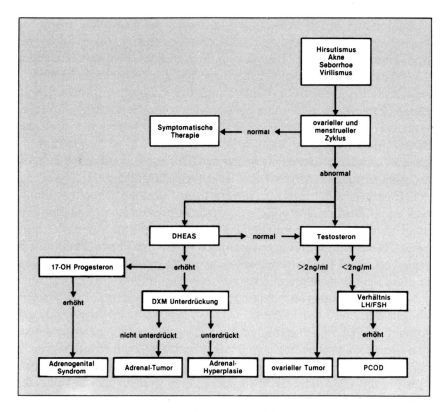

Abb. 1. Abklärung der Ursache einer Androgenisierung bei Frauen [10].

durch Dermatologen [21] und Gynäkologen [8], sollte stets nach Erhebung einer unfassenden Anamnese und nach Durchführung notwendiger diagnostischer Schritte eingeleitet werden. Während bei «progredienter» Androgenisierung – auch unter bereits eingeleiteter Therapie – eine Hormondiagnostik, wie z.B. von Lunenfeld [10] (Abb. 1) vorgeschlagen, zwingend notwendig ist, kann bei geringen Androgenisierungserscheinungen durchaus einer Therapie mit Antiandrogen «ex iuvantibus» zugestimmt werden, da in überwiegender Zahl der Fälle die Ursache der Androgenisierung ein Rezeptorproblem darstellt und nicht im Vorliegen erhöhter Androgenkonzentrationen zu suchen ist.

Die biochemischen Parameter, die bei Androgenisierungserscheinungen in der Regel zur Bestimmung gelangen, sind Testosteron, DHEA und

Androstendion, da sie sowohl die adrenalen wie auch die ovariellen Anteile der Androgenaktivität betreffen. Daneben ist aber auch eine Bestimmung des freien Testosterons und des sexualhormonbindenden Globulins (SHBG) sinnvoll: ein gewisser Teil des Testosterons ist physiologischerweise an SHBG gebunden und somit zunächst inaktiv. Damit können Frauen, die eine völlig normale Testosteronkonzentration haben, trotzdem unter Androgenisierungserscheinungen leiden. Ist aber das SHBG erniedrigt, so ist das ein Hinweis darauf, dass die Fraktion an freiem Testosteron und damit wirksamem Androgen ansteigt und es infolgedessen zu einem relativen Testosteronüberschuss kommt [1]. Nach Bohnet [1] ist es auch lohnenswert, in derartigen Fällen die Schilddrüsenfunktion durch Bestimmung von Thyroxin-releasing-Hormon zu überprüfen, da erfahrungsgemäss verminderte Thyroxinkonzentrationen an verminderte SHBG-Konzentrationen gekoppelt sind. Bei diesen Patientinnen genügt oft schon allein eine Substitution mit Thyroxin, um die Konzentration des SHBG ansteigen und damit freies Testosteron sinken zu lassen.

Die Behandlung von nicht tumorbedingten Androgenisierungserscheinungen der Frau, wie Seborrhö, Akne, Alopezie und Hirsutismus, mit Antiandrogenen ist heute aus dem Behandlungskonzept der Dermatologen und Gynäkologen nicht mehr wegzudenken. Dabei kann situationsgerecht auf die Anwendung hormonaler Kontrazeptiva (Äthinylöstradiol in Kombination mit CMA oder CPA) zurückgegriffen werden, oder es kann eine Therapie mit den antiandrogen wirkenden Progestagenen CPA und CMA gegebenenfalls allein oder unter Zusatz von Östrogenen zur Anwendung kommen [8].

Nur vom Einsatz antiandrogen wirkender hormonaler Kontrazeptiva oder einer vergleichbaren Kombination aus Antiandrogen und Östrogen kann man sich bei mittelschwerer bis schwerer Androgenisierung einen Therapieerfolg erhoffen, da infolge der androgenen Restwirkung bei Anwendung hormonaler Kontrazeptiva, deren Gestagen 19-Nortestosteron-Derivate darstellen, auch noch in der 3. Generation – nur wesentlich seltener – Therapieerfolge zu verzeichnen sind. Bei fehlender androgener Restaktivität wirken die antiandrogen wirkenden hormonalen Kontrazeptiva darüber hinaus noch androgenantagonistisch. Somit hängt nach Moltz et al. [12] der Behandlungserfolg beim Gebrauch oraler Kontrazeptiva wohl hauptsächlich von der Bilanz zwischen therapiebedingter endogener Androgensuppression und exogen zugeführter Androgenaktivität ab. Schon über ein Jahrzehnt hat man Erfahrung mit den antiandrogen wirkenden Progestagenen CMA und CPA bei Androgenisierungserscheinungen der Frau und ihrer Anwendung in Art hormonaler Kontrazeptiva, sei es als Sequenz- oder Kombinationspräparate. Da die hohen Steroiddosen, speziell der Östrogene, auch bei Anwendung dieser hormonalen Kontrazeptiva, das bekannte «internistische Risiko» (kardiovaskuläre Erkrankung, Hypertonie, Diabetes mellitus u.a.) in sich bargen, erfolgte auch hierbei, im Hinblick auf eine wünschenswerte Reduzierung der Risiken, eine Verringerung der Steroiddosis, speziell der Östrogene. Somit konnten z.B. auch die bereits mit einem CMA-enthaltenden Zweiphasenpräparat (CMA + Mestranol) gewonnenen Erfahrungen bei der Behandlung von Androgenisierungserscheinungen der Frau dadurch noch effektiver gestaltet werden, dass man bei Reduzierung der Östrogendosis den Progestagenanteil CMA in zwei Dosenstufen über den ganzen Zyklus zur Anwendung brachte.

So konnte in einer klinischen Studie das Zweistufenpräparat Äthinylöstradiol 50 µg/CMA 1 mg/2 mg gegenüber einem gebräuchlichen hormonalen Kontrazeptivum (Noräthisteron 1 mg/Mestranol 50 µg) mit leichter Androgenrestwirkung (da Nortestosteronderivat) bei Frauen mit Androgenisierungserscheinungen getestet werden. Dabei liess sich bereits ab dem 6. Behandlungszyklus unter der Kombination Äthinylöstradiol 50 µg/CMA 1 mg/2 mg eine nachweisbare Besserung von Seborrhö, Akne und Alopezie registrieren, die sich bis zum 12. Behandlungszyklus deutlich verstärkte (Abb. 2) [7].

Bei gleichzeitiger Berücksichtigung der Verträglichkeit muss man diesem Präparat gegenüber dem ein Nortestosteronderivat enthaltenden Kontrazeptivum eine ausgesprochen gute antiandrogene Wirkung bescheinigen. Mit der Entwicklung des Zweistufenpräparates Äthinylöstradiol 50 µg/CMA 1 mg/2 mg ist auch eine wesentliche Lücke zwischen den mit mehr Anwendungsrisiko behafteten höher östrogendosierten Präparaten und der niedriger dosierten Kombination Äthinylöstradiol 35 µg/CPA 2 mg geschlossen.

Nach Neumann [15] sind beide Progestagene – CMA und CPA – vom pharmakologischen Profil her praktisch identisch. Bei einer selten-hohen Dosierung müsse aber mit einem paradoxen Effekt bei Cyproteron gerechnet werden, welches dann eine Art androgener Wirkung entwickelt, was sich vor allem in einer ungünstigen Verschiebung der Lipidfraktionen, nämlich in einer Senkung der HDL-Fraktion, äussere [22]. In normaler Dosierung habe sowohl CMA als auch CPA keinerlei negativen Einfluss auf den Fettstoffwechsel. CMA erhöhe sogar den Anteil an HDL [2, 17]. Durch gleichzeitige Verabreichung von Östrogen wird eine zusätzliche

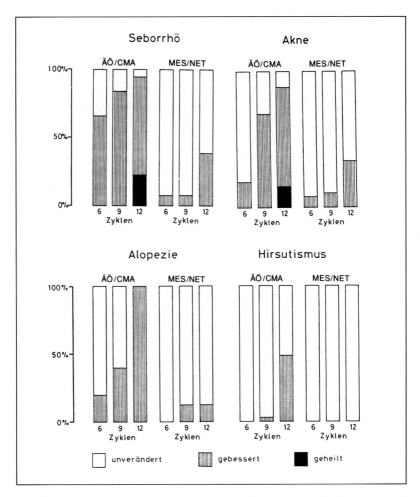

Abb. 2. Wirkung von ÄÖ/CMA und MES/NET auf Akne, Seborrhö, Alopezie und Hirsutismus [7].

Wirkung bei der Therapie der Hyperandrogenämie erreicht. Da Östrogene die SHBG-Konzentrationen erhöhen, steigt der Gehalt dieses Transportglobulins im Blut, wodurch gleichzeitig der Anteil an freiem Testosteron sinkt [17].

Auch bei der Behandlung der androgenischen Alopezie ist nach eigener Erfahrung der Anwendung des CMA enhaltenden hormonalen Kontrazeptivums der Vorzug zu geben, da einmal der antiandrogen wirkende Gestagenanteil zu einer Drosselung der Androgenproduktion in Ovarien und Nebennierenrinde und zur Reduzierung der 5α-Reduktase-Aktivität (Beeinträchtigung der Metabolisierung von Testosteron in der Haarzelle) und zu einer kompetitiven Blockade des zytoplasmischen DHT-Rezeptorkomplexes führt [14], zum anderen aber die Äthinylöstradioldosis von 50 µg eine deutliche Erhöhung der Konzentration von Bindungsproteinen und damit Abnahme von freiem Testosteron bewirkt.

Zur Behandlung von Androgenisierungserscheinungen bei der Frau steht heute eine Vielzahl von Verfahrensmöglichkeiten zur Verfügung, wobei man die Zielsetzung, nämlich die Rückbildung einer nicht tumorbedingten Virilisierung und/oder die Normalisierung der Ovarialfunktion, durch Auswahl eines geeigneten Behandlungskonzeptes individuell bestimmen muss. Grundsätzlich sollte man bei Koexistenz von Adipositas und Hyperandrogenismus eine Gewichtsreduzierung anstreben. Infolge vermehrten Androgenangebots im Fettgewebe wird nämlich nach Hanker [4] die sogenannte extraglanduläre Östrogensynthese gesteigert, wodurch der Organismus unkontrolliert und azyklisch Östrogene produziert. Als Konsequenz aus diesen Verschiebungen im Hormonhaushalt entwickelt sich ein gestörtes Verhältnis von LH und FSH, was schliesslich zu Zyklusstörungen, Anovulation und Fertilitätsstörungen führt.

Die heute gebräuchlichen Verfahren bei der Behandlung der nicht tumorbedingten Androgenisierungserscheinungen der Frau sind in Tabelle 1 zusammengestellt. Daneben lässt sich ganz individuell eine Wahl der Therapieform gestalten, je nachdem, ob Kinderwunsch besteht oder nicht, ob es sich um Jugendliche oder Erwachsene handelt und welcher persönliche Wunsch der Patientin allenfalls Berücksichtigung finden soll.

Zu bedenken ist, dass bei mittelschwerer bis schwerer Androgenisierung eine alleinige antiandrogene Gestagentherapie in der zweiten Zyklushälfte zu uneffektiv ist. Deshalb erscheint es sinnvoller, diese Behandlung – eventuell unter Östrogenzusatz – über den ganzen Zyklus durchzuführen.

Schon bei mittelschweren, besonders aber bei schweren Androgenisierungserscheinungen, die speziell mit ausgeprägtem Hirsutismus einhergehen, wird eine zusätzliche Applikation eines der beiden antiandrogen wirkenden Progestagene (CMA oder CPA) zur Dosisverstärkung in dem angewendeten antiandrogen wirkenden hormonalen Kontrazeptivum erforderlich.

Während in Klimakterium oder nach erfolgter Hysterektomie eine alleinige Gestagenapplikation ohne Östrogenzusatz, z.B. bei Patientinnen,

Tabelle 1. Möglichkeiten einer antiandrogenen Therapie bei Androgenisierungserscheinungen der Frau

	Nicht antikonzeptionelle Therapie		Antikonzeptionelle Therapie	Adjuvante oder Ersatzmassnahmen
	alleinige Gestagentherapie	Östrogen-Gestagen-Kombinations- oder Sequenztherapie	antiandrogen wirkende Kontrazeptiva	kontinuierliche Behandlung
Leichte Androgenisierung	CMA 2 mg/Tag 16.–25. Zyklustag CPA 5 mg/Tag 16.–25. Zyklustag	CMA 2 mg/Tag 16.–25. Zyklustag + Östrogen[1] CPA 5–10 mg/Tag 5.–20. Zyklustag + Östrogen[1]	CMA 1 mg/2 mg + ÄÖ 50 µg Zweistufenpräparat CPA 2 mg + ÄÖ 35 µg Kombinationspräparat	Spironolakton 100–150 mg/Tag Prednison/ Prednisolon 5–10 mg/Tag Dexamethason 0,25–0,5 mg/Tag
Mittelschwere Androgenisierung	CMA 4 mg/Tag 16.–25. Zyklustag CPA 10 mg/Tag 16.–25. Zyklustag	CMA 4 mg/Tag 16.–25. Zyklustag + Östrogen[1] CPA 10–20 mg/Tag 5.–20. Zyklustag + Östrogen[1]	CMA 1 mg/2 mg + ÄÖ 50 µg Zweistufenpräparat CPA 2 mg + ÄÖ 35 µg Kombinationspräparat zusätzlich: CMA 2 mg/Tag 16.–25. Zyklustag CPA 5–20 mg/Tag 5.–20. Zyklustag	ev. Prolaktininhibitoren Posologie je nach Prolaktinkonzentration
Schwere Androgenisierung		CPA p.o. 25–200 mg/Tag 5.–15. Zyklustag + Östrogen[1] CPA i.m. 300 mg i.m. 5. Zyklustag + Östrogen[1]	CMA 1 mg/2 mg + ÄÖ 50 µg Zweistufenpräparat CPA 2 mg + ÄÖ 35 µg Kombinationspräparat zusätzlich: CMA 2–4 mg/Tag 16.–25. Zyklustag CPA 25–200 mg/Tag 5.–15. Zyklustag	

CMA = Chlormadinonazetat. CPA = Cyproteronazetat. ÄÖ = Äthinylöstradiol.
[1] Östrogenzusatztherapie: a) Äthinylöstradiol 20–40 µg/Tag, 5.–25. Zyklustag. b) Östradiolvalerianat 2–4 mg/Tag p.o., 5–25. Zyklustag oder 10 mg i.m., 5.–12. Zyklustag.

die durchaus noch den Östrogen-Osteoporose-Schwellenwert erreichen, möglich ist, führt bei Frauen mit intakten Zyklusverhältnissen eine intermittierende alleinige Gestagengabe häufig zu Menorrhagien und bedarf deshalb des Östrogenzusatzes.

Auch eine parenterale Antiandrogenbehandlung mit CPA hat sich inzwischen bewährt [9, 13].

Beim Versagen der üblichen Therapieschemata oder auch beim vorherigen Nachweis einer Nebennierenrindendysfunktion als Ursache der Androgenisierung kann man durchaus zusätzlich eine Suppressionsbehandlung mit Kortikosteroiden vornehmen.

Bei jungen Mädchen oder bei adipösen Frauen, bei denen sich die Anwendung eines der genannten antiandrogen wirkenden Progestagene CMA oder CPA verbietet, ist auch die kontinuierliche Applikation des Aldosteronantagonisten Spironolakton in einer täglichen Dosierung von 100 bis 150 mg möglich [16]. Jede antiandrogene Therapie sollte sich bei guter Verträglichkeit und Therapieerfolg über einen längeren Zeitraum, möglichst nicht unter einem Jahr, erstrecken. Natürlich muss man sich dabei aber auch vergegenwärtigen, dass eine Langzeittherapie grössere Risiken in sich birgt.

Um ein Rezidiv zu vermeiden, erscheint es beim Absetzen der antiandrogenen Therapie nach eigener Erfahrung sinnvoll, dies nicht abrupt, sondern schrittweise über mehrere Zyklen, unter Reduzierung der angewendeten Antiandrogendosis, zu tun.

Eine vorübergehende Zunahme, speziell einer Akne, zu Beginn einer antiandrogenen Therapie sollte bei sonst guter Verträglichkeit der Hormonmedikation nicht zum vorzeitigen Absetzen der Mittel führen. Mitunter muss man auch als Arzt die Ruhe bewahren und die Patientin von natürlichen Körpergegebenheiten überzeugen, dass nämlich nicht jede Akne oder jeder Haarausfall androgener Ursache und damit einer antiandrogenen Behandlung zuzuführen ist. Auch psychosomatische Einflüsse als Mitursache muss man erkennen und sich bei Verdacht keinesfalls scheuen, einen Kollegen des psychosomatischen Fachbereichs bei der Abklärung und Behandlung der Androgenisierungserscheinungen zu bemühen.

Dass es auch trotz aller gewählter Therapiemassnahmen zu Therapieversagern kommt, liegt möglicherweise in einer individuell unterschiedlichen Empfindlichkeit der Androgenrezeptoren in der Haut begründet.

Wenn sich auch nicht immer eine vollständige Rückbildung der Androgenisierungserscheinungen bei der Frau erzielen lässt, so hat schon eine teilweise Besserung der Symptome eine deutlich positive Rückwirkung auf die Psyche. Deshalb darf eine antiandrogene Therapie nicht nur zu einer «kosmetischen Manipulation» degradiert werden, vornehmlich von den finanziellen Trägern einer derartigen Behandlung, sondern ist immer auch «medizinisch indiziert».

Zusammenfassung

Endokrine Fehlleistungen im Androgenstoffwechsel der Frau können durch verschiedene funktionelle und neoplastische Erkrankungen der Ovarien und/oder der Nebennieren hervorgerufen werden und führen zu Akne, Seborrhö, Alopezie und Hirsutismus.

Das berufliche Selbstbewusstsein der Frau und die heute geltenden Schönheitsideale haben in über zwei Jahrzehnten dazu geführt, nach immer sinnvolleren Behandlungskonzepten zu suchen, wobei unter anderem auch hormonale Kontrazeptiva mit einem Teilerfolg zur Anwendung kamen.

Aber erst mit der Synthetisierung der antiandrogen wirkenden Progestagene Chlormadinonazetat (CMA) und Cyproteronazetat (CPA) konnten entscheidende Fortschritte bei der Behandlung nicht tumorbedingter Androgenisierungserscheinungen der Frau erzielt werden.

Inzwischen arbeiten Dermatologen und Gynäkologen bei der Klärung und Behandlung von Vermännlichungserscheinungen der Frau zusammen, wobei sich beim Einsatz der genannten antiandrogen wirkenden Progestagene eine Vielzahl von Therapiekonzepten ergeben, sei es, dass diese Wirkstoffe in hormonalen Kontrazeptiva, in anderen Östrogen-Gestagen-Kombinationen oder als alleinige Gestagenbehandlung oral oder teils parenteral in unterschiedlichster Dosierung je nach Bedürfnis der Patientin zur Anwendung kommen. So wird in den meisten Fällen bei sinnvoller Dosierung der Präparate und in Kenntnis vermeidbarer Nebeneffekte eine Abheilung oder doch wesentliche Besserung der nicht tumorbedingten Androgenisierungserscheinungen der Frau erreicht.

Summary

Endocrine dysfunctions in the androgen metabolism of women can be caused by various functional and neoplastic diseases of the ovaries and/or of the suprarenal glands and produce acne, seborrhea, alopecia and hirsutism.

The professional self-confidence of women and today's beauty ideals gave rise in more than two decades to search for ever better treatment concepts, leading also to the use of hormonal contraceptives, however, only with partial success. But only with the synthesis of the antiandrogenic progestagens chlormadinone acetate (CMA) and cyproterone acetate (CPA) was a decisive progress possible in the treatment of tumor-induced androgenization symptoms of women. In the meantime, dermatologists and gynecologists work together in the clarification and treatment of masculinization symptoms of women; the availability of the antiandrogenic progestagens mentioned allow a variety of therapeutic concepts: these substances can be administered in form of hormonal contraceptives, in other estrogen-gestagen combinations or as single gestagen treatment orally or partially parenterally in different dosages according to the need of the patient.

Thus, in most cases, a healing or at least a remarkable improvement in the nontumoral androgenization symptoms of women can be achieved with a sensible dosage of the preparations and taking into account the avoidable side effects.

Literatur

1 Bohnet, H.: Hyperandrogenämie-Ursachen, Symptome und Therapie. Gynäkologie 2: 70 (1989).
2 Circel, U.; Schweppe, K.W.: Fettstoffwechsel und orale Kontrazeptiva; in Kaiser, Androgenisierungserscheinungen bei der Frau. Ärztliche Kosmetologie, p. 50 (Braun-Verlag, Karlsruhe 1985).
3 Dijik J. van,: Das soziale Phänomen des Hirsutismus. Sexualmedizin 10: 814 (1977).
4 Hanker, J: Hyperandrogenämie – Ursachen, Symptome und Therapie. Gynäkologie 2: 71 (1989).
5 Hoffmann, E.; Meiers, H.G.; Hubbes, A.: Wirkungen von Antikonzeptiva auf Alopecia androgenetica, Seborrhoea oleosa, Acne vulgaris und Hirsutismus. Dt. med. Wschr. 99: 2151 (1974).
6 Kaiser, E.: Antiandrogene Behandlung bei Akne, Haarausfall und Hirsutismus. Münch. med. Wschr. 122: 1836 (1980).
7 Kaiser, E.: Wirkung eines neuen hormonalen Kontrazeptivums (Neo-Eunomin®) bei Frauen mit Androgenisierungserscheinungen. Geburtsh. Frauenheilk. 44: 651 (1984).
8 Kaiser, E.: Die interdisziplinäre Zusammenarbeit zwischen Gynäkologen und Dermatologen – Behandlung von Androgenisierungserscheinungen der Frau; in: Kaiser, Androgenisierungserscheinungen der Frau. Ärztliche Kosmetologie, p. 31 (Braun-Verlag, Karlsruhe 1985).
9 Kaiser, E.; Gruner, H.S.: Behandlung schwerer Androgenisierungserscheinungen mit Diane® und intramuskulär appliziertem Cyproteronacetat (Androcur®-Depot); in Schindler, Antiandrogen-Östrogentherapie bei Androgenisierungserscheinungen, p. 143 (de Gruyter, Berlin 1988).
10 Lunenfeld, B.: Medikamentös gesteigerte Fertilität. Sexualmedizin 4: 200 (1985).
11 Maggiolo, J.: Medikamentöse Behandlung des Hirsutismus. Medsche Klin. 59: 1318 (1964).
12 Moltz, L.; Schwartz, U.; Hammerstein, J.: Die klinische Anwendung von Antiandrogenen bei der Frau. Gynäkologe 13: 1 (1980).
13 Moltz, L; Haase, F.; Schwartz, U.: Die Behandlung androgenisierter Frauen mit intramuskulär applizierbarem Cyproteron-Azetat. Geburtsh. Frauenheilk. 43: 281 (1983).
14 Moltz, L.: Hormonale Diagnostik der sogenannten androgenetischen Alopezie der Frau. Geburtsh. Frauenheilk. 48: 203 (1988).

15 Neumann, F.: Hyperandrogenämie – Ursachen, Symptome und Therapie. Gynäkologie 2: 72 (1989).
16 Ober, K.P.; Hennesy, J.F.: Spironolactone therapy for hirsutism in a hyperandrogenic woman. Ann. intern. Med. 89: 643 (1978).
17 Ochs, H.: Hyperandrogenämie – Ursachen, Symptome und Therapie. Gynäkologie 2: 72 (1989).
18 Schindler, A.E.: Androgene und Antiandrogene bei der Frau; in Kaiser, Androgenisierungserscheinungen bei der Frau. Ärztliche Kosmetologie, p. 16 (Braun-Verlag, Karlsruhe 1985).
19 Schindler, A.E.; Schindler, E.-M.: Gynäkologie und Geburtshilfe für die Praxis, p. 165 (Hippokrates-Verlag, Stuttgart 1988).
20 Schmidt, H.: Diagnostik der Androgenisierungserscheinungen bei der Frau; in Kaiser, Androgenisierungserscheinungen bei der Frau. Ärztliche Kosmetologie, p. 21 (Braun-Verlag, Karlsruhe 1985).
21 Schröpl, F.: Behandlung von Androgenisierungserscheinungen bei der Frau; in Kaiser, Androgenisierungserscheinungen bei der Frau. Ärztliche Kosmetologie, p. 45 (Braun-Verlag, Karlsruhe 1985).
22 Zahradnik, H.-P.: Hyperandrogenämie – Ursachen, Symptome und Therapie. Gynäkologie 2: 70 (1989).

Prof. Dr. med. E. Kaiser, Deutsche Klinik für Diagnostik, Aukammallee 33, D-W–6200 Wiesbaden (BRD)